英數兩全
脈絡中的數學英文關鍵詞

單維彰◎著

中大出版中心｜遠流
National Central University Press

前言

每一本書有它的使命。就其功能而言，這本書可以作為教材，也可以當作參考書。如書名所示，作者意圖統整羅列中學以下（包括國中、國小）的中英文數學關鍵詞。每個領域都有一些關鍵術語，就是書名所謂的關鍵詞，進入一個領域相當程度地等於是掌握這些關鍵詞。但是本書不以術語詞表 (glossary) 呈現關鍵詞，而是以有意義的短文，在脈絡中串起關鍵詞。書末的中文與英文索引可以充當術語詞表。

從後設的觀點看，作者意圖以這份教材展示一些理念的可行性，並且藉由數學課程內容的統整複習，初步呈現他對中小學數學課程編排的主張。

以下分節說明前述理念，並提供本書的使用建議。

核心理念

首先，在大多數的中小學數學課堂裡，全英語的教學是不切實際的；如果想要在數學教育中加入相關的英語文學習目標，必須以雙語（華語與英語）教學。作者主張：在高中數學課程實施雙語教學，有以下三點目的。[1]

(一) 為學生將來可能在大學進入全英語的教學環境做準備。

(二) 透過數學英文詞彙的字源，提高在中西文化的脈絡中認識與

---

[1] 取自單維彰，曾政清（2022）。高中數學雙語教學之理念與作法倡議。**臺灣數學教師**，**43**(1), 35-47。

理解數學的機會。

(三) 經由擴大數學教材與評量的學習經驗，調整數學教育之目的與價值的品味。

據此理念，在高中數學課程中實施雙語教學，不僅是為了支持國家政策而已，同時也有數學教育本身的意義，有機會改善我們的教學成效。也就是說，雙語教學也有屬於數學的內在動機。

如果教師具備雙語教學的動機，則數學的英文詞彙與相關文化脈絡，應該要設定為教學目標，而不是可有可無的附贈品。教師或師資生具備雙語教數學的動機之後，需要提昇自己在數學專業領域內的英語文能力，也可能希望發給學生輔助材料，這些就是本書的功能所在。

■ 為大學的專業學習準備數學英文能力

目的（一）應是容易理解的：如果在不久的將來，全國各大學確如國家願景而開設了大量的全英語課程（稱為 EMI 課程），則高中畢業生理應為它做好準備。但數學課程不負責一般語境的英語學習（簡稱日常英語：EGP），僅支援數學領域內的學術語境英語學習（簡稱學術英語：EAP）。這是因為 EMI 以專業領域的知識／技能傳遞為目的，英語的角色為教與學的媒介，高中數學課程理所當然應該為學生準備以英語為媒介的數學專業知識與技能。[2]

數學領域的 EAP 有特別的重要性，因為它是理工醫農商管資電學群的專業學習共同語言，而且，國內理工科系的大學教授，

---

[2] EMI 是「英語作為教學媒介」(English as a Medium of Instruction) 的縮寫，用意是在國際學生組成的班級中，以（全）英語授課。EGP 和 EAP 分別是 English for General Purposes 和 English for Academic Purposes 的縮寫。

即使不以英語授課也經常直接使用歐美出版的英文教科書，甚至在評量試卷上直接以英文命題。高中數學課程已經為學生準備了所需的數學基礎知識，但是當它們以英文的慣用語句表達時，學生難免一開始感到陌生；如果因此而阻礙了大學階段的學習，就很遺憾了。在高中數學課程中引入 EAP 英文，最主要的目的就是幫助學生銜接大學的英文教材。這本書就是針對我國高中數學內容設計的英文字詞與常用句式教材，可作為此一理念的實踐範例。

■ 利用字源幫助文化脈絡的理解

一個文化最顯著的特徵就是語言，語言／文字的流變，可以幫助理解文化的發展。而數學——如數學領綱的第三項理念——是一種人文素養，宜培養學生的文化美感。英文的數學詞彙經常能提供數學在西方文化脈絡中的角色，而許多數學詞彙譯自英文，所以雙語教學提高了在文化中認識與理解數學的機會，而課綱主張這些脈絡中的知識將會提升數學素養。

舉例而言，有理數 (rational) 在普通英文中主要的意思是「合理的，有理性的」，但它本來是 ratio「比例」的形容詞，也就是「成比例的」的意思。可見「有理數」來自成比例的兩個正整數，也就是它們的比值。（第 4 課）

再舉一例。對數 logarithm 來自拉丁化的兩個希臘字 logos-arithmos 的合併，直譯為 ratio-number：比例數。取這個名字的原因，可能是因為當初的動機是發現了：如果把等比數列寫成次方形式，則它們的指數會形成等差數列。當 logarithm 在明朝末年首次傳入中國時，的確翻譯成「比例數」。當時把 $a = 10^u$ 的數對 (a,u)「對列成表」，稱為「對數表」，其中 a 稱為「原數」，到了

康熙時代改稱「真數」，而「與 a 相對的數」最後就稱為「a 的對數」了。（第 19 課）

　　諸如此類的內容，散布在整本書裡，作為目的（二）的一種實踐範例。

■ 接觸西方教材可望調整數學教育的品味

擴展視野，就是調整品味的契機。雙語教數學之後，教師有更多機會直接閱讀西方的教材與評量試題，學生也有更多機會閱聽西方的教科書或教學影片。大家都開拓了視野，使得大家都有較多的機會，反省我們自己的數學教育現況。

　　西方的數學教育也有他們自己的文化包袱，因此有他們必須思索的改善方向。我國的數學教育現況，有些地方類似於國際間共同的問題，但是也有我們獨特的狀況。

　　舉例來說，以下可能是英文教材值得我們學習的特徵：有效運用科技工具（包括 Calculator 和 App），討論接近真實情境的應用問題，從科學與工程中擷取大量的數學模型作為例題或試題；而且，在初學一項數學物件時，給予學生大量的基礎練習。等到越來越多教師同仁檢驗了英文數學教材與評量的教學成效，而且如果獲得了正面的實徵經驗，我們就有機會做較大規模的討論，在獲得共識的方向上，一起改變。

　　這本書在篇幅容許的範圍內，也盡量提供調整教學內容與次序的建議。例如書裡多次以程式語言或程式設計作為數學物件的類比，因為計算機科學可能是我國學生最主要的從業領域之一。又如書中提倡三角的學習應以測量與計算為主，學習三角比的同時就反查三角（第 38–40 課）。再如作者認為三角形全等的教學

目標應該從理論證明轉移到三角形的測量與計算（第 42 課）。這些項目，都是來自觀摩西方教材所獲的心得。

華洋模式

前面說的是理念，這本書展示了教材層次的實踐可行性，然而教師該怎麼行動呢？行動的原則性策略，不妨參照林子斌提議的「沃土 (FERTILE)」模式。[3]「沃土」策略意在上位，並不針對特定學科，數學科的雙語教學也大多可遵循；但凡一體適用的通則，在個別特例上多少需要微調。作者特別要提請商榷的是 I 策略：教學策略（FERTILE 當中的 I 代表 Instructional Strategies）。

我要指出的關鍵點是：數學（乃至於整個理工學科）教學語言中的中英夾敍是自然的，有時候甚至是必要的，就好像前兩行寫在括弧裡的中英夾敍，它並不是「晶晶體」。數學教學中的中英夾敍，在臺灣的大學數學本科教學中是自然的、常態的，它應該是所有數學系畢業生的共同經驗，所以特別容易轉化為高中課堂的教學語言。作者將此特徵稱為「華洋模式」。

華洋（1945–2023）是數學界的前輩，作者的老師，他非常聰明幽默、多才多藝，曾在中央大學擔任計算機中心主任、數學系主任。中央大學數學系的另三位前輩：王九逵、胡門昌、柯慧美，合著一本《微積分講義》。在內容上，這部講義以民國 72 年課程標準《理科數學》的單變數微積分為基礎，延伸而成大學微

---

3 林子斌（2021）。建構臺灣「沃土」雙語模式：中等教育階段的現狀與未來發展。**中等教育**，**72**(1)，6–17。這篇文章附帶一則訊息：風行全國的雙語教學「運動」，可能始於臺北市；當時的柯文哲市長師法新加坡或荷蘭而在臺北市推動教育的政策，在他 2016 年訪問新加坡之後「推動臺北市雙語教育之決心更加明確」。

積分。除了關於教學內容的創新安排以外，這部講義還有語言方面的創新設計，如其引言所述：

> 本書的語言也有一項特色：在上篇中我們混雜使用中文和英文，愈到後面英文愈多，在下篇則全用英文。我們是主張科學中文化的，但毋庸諱言，我國的科學尚未到達領導地位，大學生以後研讀功課尚須使用英文課本，就業後亦不乏以英文閱讀與撰寫科學文字的需要。培育英文能力，此其時也。因此循序漸進，在大一微積分的課程中，養成其閱讀英文數學書的能力，可免日後的恐慌。

王九逵是臺灣數學界耆老，也是華洋的老師。他曾笑稱這部講義的語言設計就是「華洋」：由華入洋。先用華文，慢慢摻入洋文，中英夾紋，最後全用洋文。教學語言的中英夾紋，意圖使英文比例愈來愈大，最終全英文，就是作者所謂的「華洋模式」。

大學本科教育的華洋模式要把學生帶到全英文的境界，但是在中小學並不需要。把時間拉長來看，從小學到高中可以視為「由華入洋」的次第進程，最後能完成在大學就好了。

數學系師生在教學、學習溝通時的中英夾紋，可以理解為日文外來語片假名的升級版——我們不用中文拼寫英文，直接把英文放在中文的語句中使用，彷彿它就是中文的一部份。將此模式轉化為中學的雙語教學，最需要關注的是：發音應盡量正確。並不是要求某個地區的標準口音，而是要求在全球化英語 (Globish) 標準下的正確性。這就是本書在文字之外，特意提供朗讀示範的原因。

華洋模式相容於學科內容與語言整合教學 (CLIL)[4]。整合教學的立論之一，就是共通語（華語）適合用來作專業以外，或者輔助專業的日常溝通，譬如在生活經驗中舉例說明一個數學概念，還是說國語比較方便；而目標語（英語）則適合用來發展精確的專業知識／技能。有一些詞，譬如 minor 和「餘子式」，cofactor 和「餘因子」，刻意用中文翻譯並不會使它變得更容易了解，何況將來需要用到這些概念時，多半會在英文脈絡中，這時就不如直接用英文，把它們假名化（如第 91 課）。

這本書的寫作，就是中英夾敍之數學書寫的一種展示。

本書使用辦法

在前述理念之下，這套教材以較高觀點統整複習中學以下之數學內容，並以中英夾敍的方式融入學術目的的英文（作者稱之為「華洋模式」）。作者賦予此書多重目的：高中生／準大學生的數學複習與英文預習、職前師資培育、在職教師賦能培力、搭配高中課程的雙語補充讀物，以及數學學習架構的總整。因此，本書的假想讀者包括準備進入數學、科學或工程領域的學生，中學數學的師資生，中學數學教師，以及數學教育領域的同仁。

作者建議如何使用這本書？任何人都可以把它當作參考資料，隨著需求而翻閱；作者刻意縮小這本書，希望提高它的便利性。首先，這本書比照數學課程綱要對於學習內容的分類概念，虛分六章，方便讀者在目次中翻找主題。其次，每課課文皆為對開之兩頁（原則上），讓人一目了然，無須前後翻找。最後，按照

---

[4] CLIL 是 Content and Language Integrated Learning 的縮寫，讀成一個字。

中文與英文語用差異而獨立製作的中文索引、英文 Index，應該能充當術語詞表的功能，提供另一種使用方式。因為課文皆為二頁，詞條的頁碼通常指向左頁，讀者可自行瀏覽整面。

教師可以搭配教學進度，將此書單篇課文影印給學生，當作數學英文或數學文化的補充讀物。雙頁一面的課文設計，讓教師更方便影印所需的內容。教師同仁應該看得出來：部份課文其實也可以讓國中生閱讀。

根據語言學習專業的建議，語言的學習最忌一曝十寒；最理想的語言學習環境是沉浸於目標語（英語）的環境裡，但我們都知道在臺灣很難實現沉浸的環境。退而求其次，就是穩定的學習節奏：每天適度的練習，保持固定的節奏，不拖延，不躁進。將此書當作教材的學生，不論自學還是修課，都應該秉持「持之以恆」的語言學習原則，每天投入固定時間。

這本書編成 108 課，就是為使學生能夠「類似沉浸」在數學英文的學習環境中。作者為每一課提供放聲閱讀的音訊檔案，以一名「數學教師」而非英語教師或母語人士的標準提供讀音示範，每篇的閱聽時間大約 5 分鐘，即使反覆練習以及反省思考，應該也可以在 10 分鐘內完成。教材提供的資源，足夠連續 18 週，每週 6 天的持續學習。作者期許學生按此進度：每天一課，不拖延也不躁進，每天投資 10－20 分鐘，持之以恆地學習，相信都能聚沙成塔，獲得豐富的成效。

最後，作者在整本書裡夾帶了對於數學課程內容與編序的看法。例如 (1) 將向量、複數列入「代數」，因為作者主張複數涵蓋平面向量，而複數是從二次方程創造出來的數；(2) 整併出「離散數學」一個主題，因為作者認為未來的數學學習內容要有越來

多的離散數學;(3) 將統計放在機率之前,這是想要把統計當作主要的學習目標,把機率視為統計的語言;(4) 在主題上取消「幾何」,因為作者期望淡化歐氏平面幾何,凸顯空間概念的重要,並且融合歐氏幾何與卡氏幾何(坐標幾何)的學習。各章課文的順序,是作者認為各大主題之理想教學編序,而主題間內容重疊的課文,就是各主題可串接而形成綜合性數學課程的節點。例如在代數主題的「二元一次方程式」指出:**因為它是「被兩點唯一決定」的數學物件,所以它就「是」一條直線**,在這裡連接平面與空間形體,藉此概念提早引進(並且融合)歐氏和卡氏平面幾何的學習。書裡有許多這方面的伏筆,難以一一列舉,數學教育同仁應該看得出來。

誌謝

受到前述《微積分講義》的啟發,我從 90 學年起嘗試在微積分課程中融入相關的英文教育,期望學生發展自己閱讀英文教科書的能力,因此而陸續製作用中文解釋英文微積分課本的教材。2003 年春季的一天下午,與時任理學院院長的葉永烜院士聊及此事,他替這批教材取了名字:數學英文。

　　2005 年春季,我獲得中央大學教務處的經費支持,開始「英文與數學協同教學」創新教學計畫。語言中心管冰琛主任支持這項計畫,她引介一些英語教師參與實驗。我的第一位合作伙伴是劉愛萍老師。後來,為了在微積分聯合教學中融入學術導向的英文教育,有更多英語教師加入;我因此與語言中心結緣。潘明蓉老師說這些教育可以造就「英數兩全」的學生。

　　時間來到 2021 年 9 月,高中數學學科中心的(建國中學)

曾政清老師向我解釋數學教師同仁對於雙語教學任務的關切，或者說焦慮。在 12 月 23 日的學科中心諮詢會議之後，我們具體決定為種子教師做一次先導性的「數學雙語教學工作坊」，並於 2022 年 3 月開課；此工作坊的教材，經過一年的擴編形成了這本書。書稿送交中央大學出版中心之後，李瑞騰主任送我這本書的副標題：脈絡中的數學英文關鍵詞。

書籍不等於教材，教材亦不等於課程。這本書、這套教材與課程的實現，要特別感謝以下同仁：林文淇教授為我擬定課程的實施原則，我的教材是在此課程設計的前提之下撰寫的；李振亞教授支持了一整個學期的課程實驗。中央大學語言中心耿文瑤老師參與了整個工作坊，而且全程投入後續的擴編，她聽過我全部的朗讀錄音，也是英文字詞的教學錄音者；耿老師可謂這份教材的協同教學者。美國加州初級中學數學教師劉澄賢（Teresa Luo）答覆我所有課室習慣用語的提問，她是我的主要諮詢對象。中央大學出版中心王怡靜持續推動這本書的寫作，並且從網頁整理出第一批書稿。數學學科中心籌備工作坊期間，匯入了蕭弘玫老師（Berri Hsiao）、周慧蓮老師、蕭佑玟老師以及陳界山教授的經驗與觀點。儘管如此，這本書若有謬誤，仍是作者本人的責任，並請讀者不吝指教。

單維彰 https://shann.idv.tw
國立中央大學師資培育中心、文學院學士班與數學系
民國百十三年三月於臺灣中壢

目次

離散數學
（含集合、邏輯）

統計與機率

代數
（含坐標幾何、向量、矩陣）

數學分析
（含基本函數）

英數兩全 脈絡中的數學英文關鍵詞

1 報數 Number

英文配合報讀大數的語言習慣，將三位分為一節：separate numbers into groups of three digits，英國和美國使用逗點 (comma) 當作分節符號 (group separator)，但其實國際標準應該使用 thin space（窄空格）。每一節的位值 (place value) 從小到大依序是千 (thousand)、百萬 (million)、十億 (billion)、兆 (trillion)。例如 2021 年 7 月底 (at the end of July, twenty twenty-one)，臺灣人口數是 23,470,663：

> twenty-three million, four hundred seventy thousand, six hundred and sixty-three

其中 and 可省略。可能會寫成概數 23,000,000：twenty-three million，但我們不該轉譯為二十三百萬，轉譯為中文數詞應該說兩千三百萬。

　　因為中文數詞四位一節與英文三位一節的基本差異，說大數的時候要符合各自文化才有素養。例如日本人口數大約 126,000,000：one hundred twenty six million，要說一億兩千六百萬；中國大陸人口數大約 1,400,000,000：one point four billion，他們可能會說 one point four billion，但我們要說十四億。2021 年政府總預算 2,102,200,000,000 可能會被說成 two trillion one hundred and two point two billion，但我們要說兩兆一千零二十二億。

　　西元年份一般會兩位兩位地說，例如 2022 年是 year twenty twenty-two，1962 說 nineteen sixty-two，但是 1902 就習慣說

nineteen oh-two。西元 2000 年就說 year two thousand。二十一世紀比較特殊，它的前九年，例如 2003 年習慣說 two thousand three 或 two thousand and three。整百的年份，例如西元 1500 年就說 year fifteen hundred。

英文的數詞分成基數 (cardinal numbers) 與序數 (ordinal numbers) 兩種形式，cardinals 就是 1, 2, 3, 4 等，而 ordinals 是第一、第二、第三、第四等等 (first, second, third, fourth)。用英語報日期時，日期要用序數。例如美國的國慶日在 7 月 4 日 (July fourth 或 fourth of July)，高中的開學日可能在 8 月 31 日 (August thirty-first)。

小數點以下的數值就一位一位的讀，不用 oh 來取代 zero。例如 1.23 讀 one point two three，1.05 讀 one point zero 5。百分比 % 讀 percent，千分比 ‰ 讀 per mill，例如
$0.30\% = 3.0‰$：

Zero point three zero percent is equal to three point zero per mill.

有些歐陸國家（例如德國）用句點 (period) 當作整數的分節符號，用逗點當作小數點，跟英美的習慣恰好相反。閱讀外國數字的時候，要留意這項文化差異。

shann.idv.tw/matheng/number.html

2 整數 Integer

整數是 integer，其中 g 的發音是ㄐ而不是ㄍ。質數是 prime 或者 prime number；例如 3 is a prime，或者 2 is the only even prime number。Even number 是偶數，odd number 是奇數的意思。相對於質數的合成數是 composite number。Positive 是正，negative 是負，例如 positive integer 是正整數，negative integer 是負整數。自然數 (natural number) 只不過是正整數的另一個說法。自然數聯集 0，也就是 0 或正整數，英文稱為 whole number，譯作「全數」，但我國教科書很少使用這個詞，我們習慣說「非負整數」：nonnegative integer（也寫成 non-negative integer）。

　　一個整數的因數是 factor，而因數分解就是它的字根變化 factorize（動詞）或 factorization（名詞），例如 3 is a factor of 12 或者 to factorize 12，或 3×4 is a factorization of 12。但是兩個（或更多個）整數的公因數卻不用 factor 這個字，改用 common divisor，common 是共同的意思，divisor 是可整除的數。所以最大公因數是 greatest common divisor，簡寫為 GCD 或 gcd。真因數是 proper divisor。兩個正整數互質，就說它們是 relatively prime。例如 12 and 25 are relatively prime。三個（或更多）數的互質就更複雜一點，例如 30, 35 and 42 是 mutually 互質：they are mutually relatively prime，但並不 pairwise 互質，不是兩兩互質：they are not pairwise relatively prime。

　　倍數是 multiple，這是從 multiply（乘積）變化來的。公倍數是 common multiple，而最小公倍數就是 least common multiple，簡寫為 LCM 或 lcm。

　　GCD 和 LCM 可以用輾轉相除法計算。這個算法寫在希臘人歐幾里得 (Euclid) 的著作《幾何原本》(Elements) 的第 7 卷第 1 命題，所以西方人稱它為「歐幾里得演算法」：Euclidean algorithm，其中 Euclidean 是 Euclid 的形容詞，即「歐幾里得的」的意思，而 algorithm 是演算法。明朝末年從他的拉丁文姓氏 Eukleides 翻譯成歐幾里得，如今英語通常講「尤」幾里得。

shann.idv.tw/matheng/integer.html

〔續第 7 頁：3 算術〕

　　算術基本定理 (the fundamental theorem of arithmetic) 是說：如果不理會順序差異 (ignoring the order)，每個大於一的整數 (any integer greater than one) 都可以寫成唯一的質數乘積 (a unique product of prime numbers)。也就是說有唯一的質因數分解：a unique factorization of prime numbers，所以它又稱為唯一分解定理：unique factorization theorem。

3 算術 Arithmetic

四則運算通稱為「算術」，英文是 arithmetic。數學的英文是 mathematics，數學和算術當然不一樣；也要注意 mathematics 看起來像一個複數名詞，但它是單數，例如 mathematics is power。Mathematics 經常被縮寫成 math（美式）或 maths（英式），例如 math is fun，maths is everywhere。做數學的人——數學師或數學家——稱為 mathematician。

　　四則運算之加減乘除四個算法的名詞分別是：addition（加法）、subtraction（減法）、multiplication（乘法）和 division（除法）。而動詞是：add、subtract、multiply 和 divide。符號＋ 是 plus sign，－ 是 minus sign，× 是 cross sign，÷ 是 division sign。等號 ＝ 是 equal sign，「等於」是 equals 或 is equal to。強調算出來的結果時，可以說 equals；強調兩者相等時，可以說 is equal to。

　　英文報讀算式的習慣順序，跟中文有些不同，舉例如下。

1. $6+2$: add two to six，也可以說 six plus two，加起來的結果稱為「和」(sum)，例如 the sum of six plus two is eight 或者 six plus two equals eight。

2. $6-2$: subtract two from six，也可以說 six minus two，減出來的結果稱為「差」(difference)，例如 the difference is four 或者 the difference equals four。

3. 6×2: six multiplied by two 或者 multiply six by two，也可以說 six times two，乘出來的結果稱為「積」(product)。

6

4. 6÷2: six divided by two 或者 divide six by two。如果限定為整數除法 (integer division)，則應該算出一個商 (quotient)，和一個餘 (remainder)；稱為「商」的原因可能是做除法的過程有許多「商量」。這種除法，西方稱為歐幾里得除法 (Euclidean division)。

　　在 6÷2 算式裡，6 是被除數 (dividend)，2 是除數 (divisor)；其中 dividend 也有「紅利」的意思，divisor 也有「因數」的意思。6÷2 恰好會整除：six is evenly divided by two，或者說 six is divisible by two，所以 two is a divisor of six。因為 divide evenly，所以沒有餘數，可以說 remainder is zero，但還是說 no remainder 比較好。再舉幾個例子：

○ 6÷2＝3…0 可以說 the quotient of six divided by two is three, no remainder。

○ 17÷5 的商是 3，餘 2：The quotient of seventeen divided by five is three with a remainder of two.

○ 19÷10 的整數除法等於 1 餘 9：The integer division of nineteen divided by ten equals one, the remainder is nine.

　　除法原理 (Euclidean division lemma) 是說整數除法的各部份有以下關係：

$$被除數 = 商 \times 除數 + 餘數$$
$$\text{Dividend} = \text{Quotient} \times \text{Divisor} + \text{Remainder}$$

〔請接第 5 頁〕

shann.idv.tw/matheng/arithmetic.html

4 有理數 Rational Number

有理數的英文是 rational number。而 rational 有「理性」的意思，所以翻譯成有理數。但是這很可惜是個不太妙的翻譯，其實此 rational 是從 ratio 變化來的，而 ratio 是「比」的意思。所以，有理數並沒有「理性的數」的意思，只是說「整數之比」的意思。數，本身沒有理性或非理性之分，只有運用它們的人，才有理性或非理性之分。

分數的英文是 fraction。所以 fractions are rational numbers。分子是 numerator，分母是 denominator，注意它們的重音位置。分子分母同除一數（整數）

Divide the numerator and the denominator by a same number (integer) 叫做約分或化簡（動詞：reduce or simplify，名詞：reduction or simplification）；相反地，分子分母同乘一數（非零的數）叫做擴分，英文似乎沒有專門術語，就講 multiply the numerator and the denominator by a same (non-zero) number。

分子分母已經沒有公因數可以化簡的分數，稱為「最簡分數」，叫做 irreducible fraction 或者 fraction in its simplest form；否則就叫做 reducible fraction。化到最簡之後分子與分母各自相等的兩個分數，稱為等值分數 (equivalent fractions)，

例如 $\dfrac{4}{6} = \dfrac{14}{21}$ 。

真分數是 proper fraction，假分數就是 improper fraction 了。從英文可以看出來，假分數是 improper 也就是「不恰當」的。

（正）分數的「恰當」表示法，是一個非負整數再加一個化到最簡的真分數 (a whole number and an irreducible proper fraction) 簡稱帶分數：mixed number（也有人說 mixed fraction，但這個詞彙不太合邏輯）。除非有特殊需求，當我們說或寫一個分數，就應該是帶分數。

取負數的名詞是 negation，例如 $-(-1)=1$ 基本上就是負負得正的意思：The negation of a negative number is the corresponding positive number。電算器 (calculator) 面板上的 Plus or Minus Key [±]，其實是 Negation Key。

倒數是 reciprocal（名詞），而且每個整數都有「隱形分母」(invisible denominator)，也就是 1，例如 the reciprocal of 5 is $\frac{1}{5}$。除以某數等於乘以它的倒數：Dividing by a number is the same as multiplying its reciprocal。

稠密性的英文形容詞是 dense，離散的英文形容詞是 discrete，例如：

Rational numbers are dense, integers are discrete.

最後，分數的唸法是中英相反的。例如 $\frac{2}{3}$ 我們習慣說「三分之二」，也就是先說分母再說分子，但是英語相反，他們習慣說 two over three：先說分子再說分母。

〔請接第 15 頁〕
shann.idv.tw/matheng/rational.html

5 比 Ratio

在形式上，將兩個或更多個數寫成一串，用冒號 (colon) 連接起來，就是一個「比」(ratio)，例如 1:2 讀作「1 比 2」(one to two)。「比」至少涉及兩個數，三個數的比 (ratio of 3 numbers) 稱為「三連比」，例如 3:4:5 (three to four to five) 是一個三連比 (3-term ratio)。

　　「比」的功能與分數 (fraction) 很接近，但是「比」有更方便之處，包括

1. 分數的分母不得為零，但「比」無此限制：

> The denominator in a fraction cannot be zero.

2. 分數只表達分子、分母兩數的關係，而比可以表達更多數的關係（例如三連比）。

　　但是「比」的內涵比分數簡單，所以它比較方便，但是它能處理的問題比較少。例如「比」與「比」之間沒有加減乘除的運算，也沒有「大小關係」(comparison)，兩個「比」之間只有一種數學關係：相等或不等。只要將「比」的各數同乘以同一個數，它們都是相等的比 (equivalent ratios)，例如

$$3:6=1:2=17:34=k:2k$$

同理

$$3:4:5=6:8:10=3t:4t:5t$$

在應用情境中，參數 (parameter) k 或 t 通常都是正數，但是在數學上容許它們是負數或零。

　　當三個量以兩個比或三個比表達它們之間的兩兩關係，可以合併成三連比，這個程序稱為「比的合併」：combining ratios。

　　當「比」只有兩個數時 (2-term ratio)，第一個數稱為前項 (antecedent)，第二個數稱為後項 (consequent)，當後項不為零時，這個「比」有「比值」(the quotient of the ratio)，也就是前項 over 後項的分數，英文也說「比值」是「比」的 fraction form（分數形式），這個程序是「將比轉換為分數」：the conversion of ratio to the fraction，簡稱為 ratio to fraction。三連比或更多數的比，就不能轉換為分數；三連比沒有比值。

　　「按比例分配」的說法是，例如 to share 24 units in the ratio 3:2:1，應該各分配 12, 8, 4 單位。

　　「比」中各數可以帶有不同的單位。地圖或設計圖的「比例尺」(map scales, drawing scales) 預設同樣的長度單位，例如「五萬分之一」的地圖記作 1:50000 或 $\dfrac{1}{50000}$，意思是（例如）地圖上的 1 公分代表實際的 5 萬公分或 500 公尺，也就是 2 公分代表 1 公里。

　　長方形的長寬比，例如 16:9 常說成 16 乘 9 (16 by 9)。

shann.idv.tw/matheng/ratio.html

6 次方 Power

一般說的次方 power，其實是指數運算 exponentiation 的俗稱。在 a^b 裡面，a 是底數 (base)，b 是指數 (exponent 或 index)，正式說法是 a raised to the power of b，可簡化為 a to the power of b。當 exponent 是正整數 n 而且 $n > 1$ (n is greater than one) 時，可以用 n 的序數──second, third, fourth, fifth 等──來說指數：a^n 可以說 a to the n-th power，可簡化為 a to the n-th，甚至再縮短為 a to n-th 也可以接受。

但是 a^2：a to the second 和 a^3：a to the third 有更習慣說法：a squared 和 a cubed，就好像我們也會通常講 a 平方、a 立方。Square 是名詞：正方形，squared 是形容詞：平方的。同理 Cube 是名詞：正方體（正立方體），cubed 是形容詞：立方的。例如 $2^2 = 4$，two squared is four，$2^3 = 8$，two cubed is eight，$2^4 = 16$，two to the fourth is sixteen。當 n 並不方便說序數的時候，總是可以回到正式說法，例如 2^{300} 有 91 位數：

Two to the power of three hundred has 91 digits.

當 exponent 不是正整數的時候，就不用序數說法，回到 power 說法。例如 0^{-1} 無定義：Zero to the power of negative one is undefined。對任何非零的 a 和正整數 n (for any nonzero a and positive integer n)，a^{-n} 是 a^n 的倒數：a to the power of negative n is the reciprocal of a to the n-th power。

當 exponent 是單位分數 unit fraction 時──例如 1/2、1/3、1/4，對任何正數 a (for any positive a)，a^n 應該要說 the n-th root of a：a 的 n 次方根。其中 $a^{1/2}$：a 的二次方根 (the second root of a) 習慣說 a 的平方根 (the square root of a)；而 the third root 要說 the cube root，立方根。Square root 是平方根，在大部分的電腦軟體上，都縮寫為 sqrt，而電算器則 [$\sqrt{}$] 表示。Cube root 是立方根，calculator 如果提供這個計算功能，通常用 [$\sqrt[3]{}$] 按鍵，而它通常可以計算負底數的立方根：cube roots of negative numbers。這是特例，一般而言，我們不討論負數的非整數指數：

Don't raise negative numbers to non-integer exponents.

這是因為整數指數的次方是用連乘定義的，但一般指數 b 的次方 a^b 其實是用對數定義的：它是 $e^{b\ln a}$ 或者 $\exp(b\ln a)$，其中 $\ln$ 是自然對數 (natural logarithm)，e 是自然對數的底；因為自然對數的定義域是正數，故底數 a 不容許為零或負數。

當 $a \geq 0$，a 的 n 次方根也可以理解為 $x^n = a$ 的唯一正數解。負數的次方根沒有一致的定義，它們的意義會隨情境改變：depend on context 或者 context dependent。

當 exponent 是有限小數的時候，就直接讀出小數。例如 $10^{1.3010} \approx 20$：

Ten to the power of one point three zero one zero is approximately twenty.

〔請接第 21 頁〕
shann.idv.tw/matheng/power.html

7 數線 Number Line

我們的數線 (number line) 習慣只有一個箭頭 (arrow)，但美國習慣在兩端都畫箭頭。我們用箭頭表示數線的遞增方向 (increasing direction) 或者「正向」(positive direction)，通常是朝右 (to the right)。它攸關三一律 (law of trichotomy 或 trichotomy law)：數線上相異兩點（two distinct points，其實說 two points 就夠了），在箭頭那一方的點，通常就是右邊的點 (on the right hand side / on the right)，它代表的數 (the represented number) 比較大 (is greater / is larger)；當然靠左的數就比較小：

> Numbers on the left are smaller than the numbers
> on the right of the number line.

數線的原點 (origin) 是數線上任一選定的點，代表零(zero)。數線的單位長 (unit length) 應該要另外指定，不在數線上，然後才用它來畫出代表壹的點：the point that represents one。它從原點朝箭頭方向移動一單位：moves one unit from the origin in the positive direction，或者在原點右邊一單位：one unit to the right of the origin。

沿著數線向右(數線的正向)移動表示加，向左表示減：move right to add, move left to subtract。例如 $2-5$ 意思是 start from the position of 2，或者就說 start from 2，然後 move left 5 units。因為這樣就抵達 -3，所以 $2-5=-3$。

$a-b$：subtract b from a 或者 $b-a$ 的結果都叫做「差」(difference)，但是在日常生活 (daily life) 中，兩數之差 (the difference between two numbers) 是指它們之間的距離 (distance)：the distance between a and b on the number line (in units)，也就是絕對值 $|a-b|$：the absolute value of $a-b$。不論中文還是英文，都有這種語言上的混淆性。所以，當要指定有方向性的差時 (signed difference)，一定要說清楚誰減誰。或者用位移 (displacement) 說法較佳，例如從 5 到 2 的位移 (displacement from 5 to 2) 就很清楚是 $2-5$。位移是向量 (vector)，而數的正負號 (sign) 就代表了它的方向 (direction)。

一個數的絕對值，例如 $|a|$ 意思是 $|a-0|$：It means the distance between a and the origin。對稱於原點的兩個數互為相反數 (opposite numbers)，例如 2 and -2 are opposite numbers。相反數的絕對值相等但異號：Opposite numbers have the same absolute value but different signs。

shann.idv.tw/matheng/numline.html

〔續第 9 頁：4 有理數〕

當分母大於 2 時，序數「第三」、「第四」等，也有單位分數的意思。例如 1/3 是 one third，但要注意複數，2/3 是 two thirds。同理 3/4 可以說成 three fourths，但更習慣說 three quarters。但「第二」second 沒有 1/2 的意思，1/2 是 one half，7/2 是 seven halves。如前述，seven halves 是「不當」的說法，恰當的說法是 three and a half。

15

8 分數與小數 Fraction

今天作為「分數」的字 fraction 原本是「碎片」的意思，引伸為「不足一的部份」，因此是「部份的數」，簡稱「分數」。當一個數帶有「不足一的部份」，應該先說完整的部份，再說不足一的部份；也就是一個整數加或減一個介於 0 與 1 之間的分數，例如

$$3\frac{1}{4}=3+\frac{1}{4}，\quad -2\frac{2}{3}=-2-\frac{2}{3}。$$

可見只需要在 0 與 1 之間討論「不足一的數」就可以了。

　　既然 fraction 表示「不足一的數」，那麼它應該不限於分數，也該包含小數才對啊。沒錯，在 18 世紀的學校裡，分數的英文是 vulgar fraction：常用分數，小數的英文是 decimal fraction：十進分數，它們都是「不足一的數」，只是形式不同而已。美國從 19 世紀末開始把 vulgar fraction 改名為 common fraction，這兩個名詞在 20 世紀分庭抗禮。語言朝著簡化的方向演變，到 1980 年之後，vulgar / common fraction 簡化為 fraction，而 decimal fraction 簡化為 decimal；這就使得本來是同樣觀念但不同形式的數（不足一的數），在語言上變得好像兩種觀念了。

　　Decimal 本身是「十進位」的意思，例如 the decimal system 就是指我們現在日常使用的十進位記數系統。按照「小數」原本的名字 decimal fraction 來看，它就是以 10 的次方為分母的分數，也可以稱為「十分數」。類似地，「二分數」(dyadic fraction) 就是以 2 的次方為分母的分數，「三分數」(ternary fraction) 是以 3 的次方為分母的分數。例如

$\frac{3}{8} = \frac{375}{1000} = 0.375$，而 0.375 不過是 $\frac{3}{10} + \frac{7}{100} + \frac{5}{1000} = \frac{375}{1000}$

的意思。可見「小數／十分數」是一種特別的分數。

　　帶有小數的數是 decimal number，它的小數部份是 decimal part。英國和美國使用句點將整數和小數隔開，稱為小數點 (decimal point)，但德國和法國卻用小數逗點 (decimal comma)，例如 2,75 是 $2\frac{3}{4}$ 的意思；這時候大數的 group separator 反而是句點。有限小數是 finite decimal，無窮小數是 infinite 或 non-terminating decimal。某一類的無窮小數稱為循環小數：repeating 或 recurring 或 circulating decimal。

　　二分數在計算機上非常重要：二進制小數 (binary fraction) 就是分子只能 0 或 1 的二分數。譬如 $\frac{3}{8}$ 是一個二分數，因為

$$\frac{3}{8} = \frac{0}{2} + \frac{1}{4} + \frac{1}{8}$$

所以它的二進制小數就是 0.011。十進制的有限小數 (finite decimal) 轉換成二進制小數之後，可能變成循環小數。例如

$$0.1 = \frac{1}{10} = \frac{1}{16} + \frac{1}{32} + \frac{0}{2^6} + \frac{0}{2^7} + \frac{1}{2^8} + \frac{1}{2^9} + \cdots$$

其實 0.1 的二進制小數是 $0.00\overline{011}$。

shann.idv.tw/matheng/vulgar.html

9 分小數互換 Algorithm

分數和小數是同一種數，也就是不足一的數 (fractions) 的兩種表達方式。以前不常用小數，是因為只有分數才能算出正確結果，小數經常不精確。但是後來發現分數雖然精確但是難以實踐，小數雖然有誤差但是可以解決實際問題。例如將近二千年前的《九章》有一題答案是 $8\frac{104}{137}$ 元這種金

額：它雖然正確但是難以支付。幸好後來有了轉換分數為小數 (convert fractions to decimals) 的演算法 (algorithm)，就是我們在小學學過的直式除法／長除法 (long division)，如圖，其中 ⌐── 稱為除法括號 (division bracket 或 long division symbol)。

分數與小數這兩種表達形式 (expressions) 的轉換，寫成等式 $8\frac{104}{137}=8.759\cdots$，其中 $\cdots$（點點點，dot-dot-dot）是省略號 (ellipsis)，讀作 et cetera 或 and so forth。這個等式可以說成 $8\frac{104}{137}$ 的小數表達 (expressed in decimal form) 是 $8.759\cdots$。配合社會上出現「角／毛」(dime: 1/10 of a dollar)、「分／毫」(cent: 1/10 of a dime) 這些貨幣，雙方可協議將 $8\frac{104}{137}$ 這種金額，改

為支付 8 元 7 毛 5 分或 8 元 7 毛 6 分 (8 dollars 76 cents)；雖然不精確，但是可執行。

當電算器 (calculator) 提供類似 [$a\frac{b}{c}$] 這樣的功能鍵時，它就可以輸入分數，並且做假分數、帶分數的轉換，以及分數、小數的轉換，其中小數部份當然只能提供大約 8 位小數。

所有分數都可以轉換成小數；當化為最簡分數 (irreducible fraction) 之後的分母僅有 2 和 5 兩種質因數：

There are only prime factors of 2 and 5 in the denominator.

那樣的分數可以轉換成有限小數 (finite decimal)，其他分數都轉換成循環小數 (recurring decimal)。反過來，有限小數和循環小數都可以轉換成分數，但是不循環的無窮小數 (non-terminating and non-recurring decimal) 都不能轉換成分數。例如

$$0.10010000100\cdots$$

在小數點下第 1、4、3^2、4^2、$\cdots$ 位為 1 其他位皆為 0 的無窮小數，不能轉換成分數。

相對於長除法，西方也有短除法 (short division)：其實只是用更多的心算和記憶取代長除法的步驟。如今，短除法通常用在計算兩個正整數的最大公因數或最小公倍數的時候 (find the greatest common divisor using short division)。不論長除法還是短除法，核心步驟都是乘法，這就是為什麼要熟記九九乘法。

shann.idv.tw/matheng/convert.html

10 實數 Real Number

實數 (real number) 是用來測量的數，它的直覺意義就是單位量的倍數。所謂「數與量」其中的數 (number) 本來就是指正整數，而量 (quantity) 其實就是實數。測量的共通模型就是數線：用單位長測量數線上任一點與原點的距離，所得的量就是一個實數，數線上每一點代表一個唯一的量，所有點所對應的量就是所有實數。實數的觀念很古老，但實數這個名稱卻是為了跟虛數——想像的數 (imaginary number)——有所區隔才誕生的。

Real number 跟 rational number 這兩種數的差別，在於實數系具有完備性：Real numbers are complete；意思是說任意一個小數

$$0.a_1 a_2 a_3 a_4 \cdots$$

都是實數，其中 a_n 表示小數點下第 n 位，它是 0, 1, 2, ..., 9 之間的任一個數。我們通常把實數的完備性 (the completeness of the real numbers) 視為公設 (axiom) 而不予證明。

有理數是 rational number，相對地，無理數就是「非有理數之實數」的意思，英文是 irrational number；注意有兩個 r 字母。Rational number 沒有理性的意思，irrational number 也沒有不理性或荒謬的意思。

$\sqrt{}$ 和所有像 $\sqrt[3]{}$ 這種開根號的符號，稱為 radical 或 radical symbol。$\sqrt{2}$ 這種數稱為二的平方根 square root of two，或者簡稱為根號二 root two。如果 n 不是一個完全平方數 perfect

20

square 或說平方數 square number，則 $\sqrt{n}$ 稱為 surd（不盡根），例如：The square root of two is a surd。

電腦語言通常將絕對值 (absolute value) 簡寫成 abs，計算機／電算器 (calculator) 則通常沒有這個按鍵。不是只有分數才能取倒數，無理數也可以作倒數。例如黃金比是唯一等於其倒數加一的正數：

> The golden ratio is the only positive number that is
> equal to its reciprocal plus one.

大於 $>$ 是 be greater than，大於或等於 $\geq$ 是 be greater than or equal to；小於 $<$ 是 be less than，小於或等於 $\leq$ 是 be less than or equal to。注意 be 動詞，例如 $|x| \leq 1$ 等價於 (is equivalent to) $-1 \leq x \leq 1$，要以 x 為主詞來說：x is greater than or equal to negative one and less than or equal to one。區間是 interval，開區間稱為 open interval，閉區間稱為 closed interval，而半開或半閉就是 half-open 或 half-closed interval。

shann.idv.tw/matheng/real.html

〔續第 13 頁：6 次方〕

次方不像乘法和除法，它並沒有演算法 (algorithm)。如果要算正整數指數的次方，只能用連乘去算，而一般指數的次方則幾乎不能筆算。為了日常計算的便利，不妨記憶一些次方，例如 1–20 的平方，1–10 的立方，與 $\sqrt{2}$、$\sqrt{3}$。

11 數系 Number System

在臺灣的數學課程裡，數系是指正整數、整數、有理數、實數等類型的數。而「數系」的英文理當是 number system。但是，英文 number system 更通用的意義是 numeral system 的同義詞，意思是「記數系統」或「數字系統」，的確也可以縮寫成「數系」，但是跟數學課說的「數系」是兩回事。中國大陸稱 numeral system 為「數制」。

如果要指稱正整數／自然數、整數、有理數等等類型的數，「集合」是正確的數學語言，例如：

令 $\mathbb{N}$ 表示正整數集合。

Let $\mathbb{N}$ be the set of positive integers.

特別要說正整數集合是一個「數系」，言下之意是說它成為一個「系統」，似乎要強調它的某種封閉性 (closure properties)。這樣理解也有道理，例如

自然數對加法和乘法運算是封閉的。

Natural numbers are closed under addition and multiplication.

意思是說自然數相加、相乘的結果仍是自然數：

The addition and multiplication of two natural numbers will yield a natural number.

相對地，整數對加、減和乘是封閉的，有理數則對加、減、乘、除都是封閉的，實數也是對加、減、乘、除都封閉。所以，稱自

然數、整數、有理數、實數為「數系」還算有道理，可是稱無理
數為數系就沒道理了。因為無理數是從實數集合剔除有理數之後
「揀剩的」，所以無理數對任何運算都沒有封閉性：

> Irrational numbers are not closed under addition,
> subtraction, multiplication, and division.

至於「記數系統」則是一套把數寫成數字的符號與規則。例
如十進制 (decimal system) 是一種數系或數制，它是以十為底的
對位記數系統：

> The positional system in base ten.

它使用十個數碼 (ten digits)：0, 1, 2, 3, 4, 5, 6, 7, 8, 9 搭配位值規
則 (place-value notation) 表達任何正整數和有限小數。同理可
以定義以二為底的二進制 (binary system)，以及從二進制衍生的
八進制 (octal) 和十六進制 (hexadecimal) 記數系統。在很特殊
的情況，數學也用三進位數字 (ternary numeral system)。

並不是所有記數系統都是對位的 (positional)，例如羅馬數
字就不是對位記數系統：

> Roman numerals are not positional.

羅馬數字 I 表示壹，但是 II 並不是拾壹，而是貳。

shann.idv.tw/matheng/numeral.html

12 運算次序 Precedence

像加減乘除次方與方根這些運算稱為 operations，它們的符號稱為 operators，將它們寫成一條運算的紀錄或指令，稱為算術表達式或算式：arithmetic expressions。算式原則上就像一般英文：從左讀到右，例如 $1+2\times3$，但是計算的順序卻未必從左到右，例如前面的算式要先算 2×3 得到 6，再算 $1+6$ 得到 7，這是因為數學規定了運算次序：order of operation 或 operator precedence。

在一條算式裡，如果有括號就要先算括號內的算式。所謂括號就是小括號 (parentheses)，又稱為括弧或圓括號 (round brackets)。如果括號有內外層次 (nested parentheses)，要依從內而外的順序：

Work outward from the innermost set of parentheses.

不管有幾層括號，程式語言 (programming language) 一律寫小括號，但是初等數學文本，也習慣將小括號寫在最內層，向外一層使用中括號 (brackets)，又稱為方括號 (square brackets)，再外層使用大括號 (braces)，又稱為 curly brackets。例如

$$(((32-16)\div(2\times2))-(4-8))+7$$
$$=\{[(32-16)\div(2\times2)]-(4-8)\}+7=15$$

括號必須成對出現 (in pairs)，前面的稱為左括號，後面的稱為右括號 (left parenthesis and right parenthesis)。括號不成對造成的錯誤稱為 unbalanced parentheses。

絕對值符號 $|\cdot|$ 視為括號，它們裡面的算式要先算。

　　沒有括號時，次方和方根 (powers and roots) 最先算，然後是乘或除，最後才是加或減。科學型電算器 (scientific calculator) 應該都知道這個道理，但是商用電算器或更簡單的款式就可能不知道，它們可能把 $1+2\times3$ 算成 9。使用前最好先測試一下。

　　因為「減」就是「加其相反數」，「除」就是「乘其倒數」，所以減的 precedence 應該跟加一樣，除的 precedence 應該跟乘一樣。Precedence 一樣的連續運算，就要看結合性 (associativity)。因為加、乘符合交換律 (commutative) 和結合律 (associative)，所以最安全的作法就是把減全換成加，把除全換成乘，就可以任意調整順序而不至於算錯。例如

$$6\div2(1+2)=6\times\frac{1}{2}\times(1+2)-\frac{6\times3}{2}-9$$

類似地：

$$6\div2\div3=6\times\frac{1}{2}\times\frac{1}{3}=\frac{6}{6}=1$$

如果不做以上轉換（減換加、除換乘），就要記得加減和乘除的 associativity 都是左起的 (left-associative)，意思就是必須從左算到右，所以 $6\div2(1+2)=6\div2\times3$ 從左到右算出 9，而 $6\div2\div3$ 從左到右算出 1。

〔請接第 27 頁〕
shann.idv.tw/matheng/ precedence.html

13 數列 Sequence

Sequence 的原意是指按順序排列的任何物件，在數學裡，它就是按順序排列的數 (a list of numbers that are in order)，稱為數列。就程式語言的觀點而言，sequence 是一種資料結構 (data structure)，即「按照順序而容許重複的編號物件」：

> An enumerated collection of objects in which repetitions are allowed and order matters.

這種資料結構又常稱為序列 (list)。數列的元素 (element) 個數稱為序列的長度 (the length of the sequence)；電腦 (computer) 僅能處理有限數列 (finite-length sequences)，mathematics 可處理無窮數列 (infinite-length sequences)。

數列的編號稱為 index，通常以足標或下標 (subscript) 的形式表現。編號須為按照順序的連續整數 (consecutive integers in order)，在中學通常從 1 開始，但是在大學則通常從 0 開始。編號為 k 的元素稱為第 k 項 (the k-th term)，當我們用 $\langle a_n \rangle$ 表示一個數列時，要另外說明足標 n 的範圍，例如說 $n = 1, 2, 3, \ldots, 10$ 或 $1 \leq n \leq 10$，也可以寫 $\langle a_n \rangle_{n=1}^{10}$: a sub n for n goes from one to ten。其中第 3 項寫成 a_3 : a three 或 a sub three。

點點點 … 稱為刪節號 (ellipsis，這個字很像「橢圓」)，口語溝通的時候，可以略過 … 不說出來，以短暫停頓取代，也可以說 and so on 或者 et cetera (這是拉丁古語，縮寫成 etc.)。

數列並不一定可以寫成一般項公式 (a formula for the general term)，例如

$$3, 1, 4, 1, 5, 9, 2, 6, \ \dots$$

無法寫成一般項公式。當 sequence 具備一般項公式時，例如平方數列 1, 4, 9, 16, ... 可以寫成

$$\langle a_n \rangle, \text{ where } a_n = n^2 \text{ and } n = 1,2,3,\dots$$

也可以寫成

$$\langle n^2 \rangle, \text{ where } n = 1,2,3,\dots$$

學過集合符號之後，還可以寫

$$\langle n^2 \rangle_{n \in \mathbb{N}}$$

The sequence of *n* squared, for *n* being natural numbers.

shann.idv.tw/matheng/seq.html

〔續第 25 頁：12 運算次序〕

　　前面討論的運算都是二元運算 (binary operation)，「負」是單元運算 (unary operation)。它的 precedence 並沒有全球一致的共識；在數學文件裡 $-3^2 = -9$，「負」的 precedence 較低，但是某些程式語言卻規定「負」的 precedence 最高，使得 -3^2 被解讀為 $(-3)^2$ 所以等於 9。因此，使用「負」運算要小心它的含糊性 (ambiguity)，應該盡量使用括號以便清楚表達運算的次序。

14 有規則的數列 Pattern

具備一定規則的數列 (sequence of patterns) 應該可以寫出一般項公式 (general term formula)。

　　等差數列的英文名稱是算術數列 (arithmetic sequence) 或者線型數列 (linear sequence)。首項就是第一項 (the first term)，但是它的 index 不一定是 1，也可能是 0 或其他整數。公差是「共同的差」(common difference)，等差中項就是算術平均數 (arithmetic mean)。等差數列可能遞增 (increasing)，也可能遞減 (decreasing)。等差數列容許公差為 0，也可以有零項 (zero term)。

　　等差數列稱為線性數列的原因是其一般項公式為 index 的線型函數 $a_n = kn + h$ 其中 k and h are constants。同理，像 2, 6, 12, 20, ⋯ 這樣的數列，它的一般項是 $n^2 + n$，所以稱為二次數列 (quadratic sequence)。

　　等比數列的英文名稱是幾何數列 (geometric sequence 或 geometric progression)。等比數列不容許零項，所以公比 (common ratio) 不得為 0。等比中項就是幾何平均數 (geometric mean)。

　　遞迴數列 (recursive sequence) 是以遞迴關係定義的數列：

　　A sequence in which terms are defined recursively.

遞迴數列可能需要一個以上的初始項 (initial terms)。例如著名的費波那契數列 (Fibonacci sequence) F_n 需要兩個初始項：

$$F_n = F_{n-1} + F_{n-2} \text{ for } n \geq 2 \text{ with } F_0 = 1 \text{ and } F_1 = 1$$

　　等差與等比數列的一般項公式都同時可以寫成直接形式 (explicit form) 或者遞迴形式 (recursive form)。以等差數列為例，令首項為 a_0，公差為 d：

> The explicit general term formula is $a_n = a_0 + n \cdot d$, the recursive formula is $a_n = a_{n-1} + d$ with the initial term a_0.

直接形式是默認的 (default)，所以通常不必強調 explicit；只要沒聲明 recursive 就是 explicit。

shann.idv.tw/matheng/seqreg.html

〔續第 39 頁：19 對數〕

● （對數的）次方律：Log of Power Rule / Power Rule (for logarithms)

$$\log_b a^p = p \times \log_b a$$

根據 $\dfrac{1}{c} = c^{-1}$ 可以得到（對數的）除法律

Quotient Rule (for logarithms): $\log_b \dfrac{a}{c} = \log_b a - \log_b c$

● 換底公式：Change of Base

$$\log_b a = \frac{\log a}{\log b}$$

15 級數 Series

將數列依序加起來 (summing up a sequence in order) 的算式 (expression) 稱為級數 (series)，加起來的結果為級數的和 (sum of the series)。Series 是單複數同形的字。前 n 項之和 (sum of the first n terms) 意思是

$$a_1 + a_2 + \cdots + a_n \quad 或 \quad a_0 + a_1 + \cdots + a_{n-1}$$

用連加符號表達 (expressed by summation notation / Sigma notation)，即

$$\sum_{k=1}^{n} a_k \quad 或 \quad \sum_{k=0}^{n-1} a_k$$

以第二個級數為例，讀作

Summation of a sub k for k goes from zero to n minus one.

雖然符號 Σ 是希臘大寫字母 Sigma，但是讀它的時候要說 summation。

注意級數強調「依序做加法」。但是，有限級數 (finite series)──有限數列的和：sum of a finite-length sequence──可以調整順序，例如

the summation of the first 100 natural numbers
$1+2+3+\cdots+100$ is equal to

$(1+100)+(2+99)+(3+98)+\cdots+(50+51)$
$=101 \times 50 = 5050$

但是當級數有無窮多項時——無窮級數 (infinite series)——就不能隨意調整順序。

因為前述觀念上的差異，有限級數通常就說 sum of the sequence；當然此處指的是 finite-length sequence。相對地，當我們說 series，通常就是指 infinite series。而無窮級數就不再屬於算術 (arithmetic) 範疇，而屬於分析 (analysis) 範疇了。

前面的連加公式可稱為 sum of consecutive numbers formula，但因為 $1+2+3+\cdots+n$ 又稱為第 n 個三角數 the n-th triangular number，所以那個求和公式又稱為三角數公式 (triangular numbers formula)。另外兩個重要的基本求和公式 (summation formula) 是平方和公式 (the sum of consecutive squares)、立方和公式 (the sum of consecutive cubes)。

無窮級數有其自身的意義，例如

$$1-\frac{1}{3}+\frac{1}{5}-\frac{1}{7}+\cdots+\frac{(-1)^n}{2n+1}+\cdots=\frac{\pi}{4}$$

$$\text{與 } 1+\frac{1}{4}+\frac{1}{9}+\frac{1}{16}+\cdots+\frac{1}{n^2}+\cdots=\frac{\pi^2}{6}$$

都可以用來估計 π 的數值，但無窮級數的主要意義還是冪級數 (power series) 的函數值：冪級數 $a_0+a_1x+a_2x^2+a_3x^3+\cdots$ 定義了一個函數，它的函數值就是一個無窮級數。

shann.idv.tw/matheng/series.html

16 概數 Approximation

不論 rational number 還是 irrational number，當它寫成十進制數字的時候 (the decimal representation for a real number)，經常會有太多位小數 (many nonzero digits after the decimal point)，這時候就需要取概數。取概數或「逼近」的動詞是 approximate，而名詞是 approximation（概數）。取概數的方法有以下三種：

- 四捨五入：round 或 round off

  電腦軟體（程式語言）通常用 round 當作指令名稱。例如把 $\sqrt{2}$ 四捨五入到小數點下第四位：

  > Round $\sqrt{2}$ off to the fourth decimal place.

  其中 off 可省略。得到 $\sqrt{2} \approx 1.4142$：

  > $\sqrt{2}$ is approximately one point four one four two.

- 無條件進位：carry 或者說 round up

  電腦軟體通常用 ceiling 或縮寫的 ceil 當作指令名稱，ceiling 是天花板的意思。例如每半小時計費一次的停車場，會 round up 你的停車時間 to the nearest half hour。

- 無條件捨去：chop 或者說 round down

  電腦軟體通常用 floor 當作指令名稱，floor 是地板的意思。

　　一般而言，小數點下第 k 位就是 the k-th decimal place。但是小數點下前三位通常另外說十分位、百分位、千分位：tenth, hundredth, thousandth。例如在試卷指引上寫

Round all decimals off to the nearest thousandth.

（其中 off 可以省略）意思是把所有小數都四捨五入到千分位，整數或分數就不該取概數。相對的，十位、百位、千位是 tens, hundreds, thousands。

如果不只針對小數，任何數都要取概數的話，可以用有效位數溝通。例如

Round your answers to three significant digits.

就是要求把答案一律寫成三位有效數字。譬如 72,954 rounded to three significant digits is 73,000。

反過來，問 73,000 有幾個有效數字 (the number of significant figures of 73,000) 是個不恰當的問題，但如果將它寫成科學記號數字 7.30×10^4 就很清楚表示它有三位有效數字。電算器通常用 [EXP] 按鍵輸入科學記號數字。7.30×10^4 可以按照輸入電算器的程序，簡單說成 7.30 exponent 4。相對於普通記號數字 (decimal notation)，科學記號數字 (scientific notation) 可以明確表示有效位數。科學記號數字 $a \times 10^n$ 當中的係數 a 的學名是 mantissa。

因為取概數而產生的誤差，稱為 rounding error，四捨五入產生的誤差特別說是 round off error 或 roundoff error。

shann.idv.tw/matheng/approx.html

17 次方運算 Exponentiation

次方運算 (exponentiation) 就像加減乘除，是二元運算，也就是把兩個元素 (two operands) 轉換成第三個元素的運算。但是，不像加減乘除這些運算子 (operators) 有習慣的符號，次方卻用上標 (superscript) 的方式，把指數 (exponent) 寫成底數 (base) 的 superscript，就看不到運算符號了。反而程式語言常用 caret 符號 ^ 作為次方運算子 power operator，例如 2^3=8，讓我們看清「次方」也是一種 binary operation。在 calculator 上，power operator 通常是 [x^y] 按鍵。

次方像減法、除法運算，它們是不可交換的：not commutative。例如 2^3 和 3^2 是不一樣的：$2^3 \neq 3^2$：

Two to the power of three is not equal to three to the power of two.

它們也不符合結合律：not associative，例如

$$4^{(3^2)} \neq (4^3)^2$$

Four raised to the power of three squared is not equal to four to the power of three and then squared.

如果不用括號指定運算順序（order of operation），則次方運算應該由上而下 top-down。例如

$$4^{3^2} = 4^9 = 26,2144$$

也就是 four to the power of three to the power of two 應該從上面

34

算下來，先算 3^2 得到 9，再算 4^9。

　　不符合結合律的運算，都要規定計算的方向。減和除 (subtraction and division) 是左起的 (left-associative)，意思是說：一個以上的連減或連除，要從左算到右 (start from the left)，例如

$$4-3-2=(4-3)-2 \text{ 而且 } 4\div3\div2=(4\div3)\div2$$

但是次方是右起的 (right-associative)，意思是說：一個以上的連續次方，從右算到左 (start from the right)，例如

$$4\verb|^|3\verb|^|2 = 4\verb|^|(3\verb|^|2)$$

　　在符號上，我們規定任何數的 1 次方就是它自己 $a^1 := a$，包括 a 是負數或零在內：

The first power of any number is the number itself.

前面的 := 符號 (colon-equal sign) 的意思是「定義為」，讀作 is defined to be，例如 a to the power of one is defined to be a。

　　我們可以推論 1 的任何次方都是 1，記作 $1^u = 1$：Any power of one is one。我們也可以推論 0 的任何正數次方都是 0，記作 $0^u = 0$：Zero to any positive exponent equals zero。零的負數次方無定義：Negative powers of zero are undefined，0^0 則是 context dependent 所以不做一般性的定義。

https://shann.idv.tw/matheng/caret.html

18 指數律 Exponent Rules

指數律 (exponent rules 或 rules of exponent 或者 laws of exponent) 是關於次方運算的公式。在教材裡，可能會寫出六、七條指數律，但本質上 (essentially) 只有三條 exponent rules。這些公式都必須在符合前提的情況下 (under the premise) 才能使用。前提是：

（以下公式中）底數 a、b 皆為正數。

只有當（以下公式中）指數 u、v 為整數時，才可以延伸 (extend) 以下公式到非零的底數 (nonzero base)，特別是延伸到負底數 (negative base)。

● 次方乘法律

　Multiplication Rule (for powers) 或 Product of Powers Rule

$$a^u \times a^v = a^{u+v}$$

只要引用負指數 (negative exponent) 的定義為取倒數 (take the reciprocal)，就知道這個乘法律其實包含除法律：

　Division Rule (for powers) 或 Quotient of Powers Rule

$$\frac{a^u}{a^v} = a^{u-v}$$

此處的 quotient 不是正整數除法的「商」，而是「分式」的意思。而除法律又包含了零次律：

　Zero Exponent Rule

$$a^0 = 1$$

注意我們的前提已經排除了底數為零的情況。

● 次方的次方律

Power of a Power Rule

$$(a^u)^v = a^{u \times v}$$

當指數 v 是整數時，次方律只不過是乘法律的簡單應用；有意思的是非整數指數 (non-integer exponent) 的情況。

● 積的次方律

Power of a Product Rule

$$(a \times b)^u = a^u \times b^u$$

它包含分式的次方律：

Power of a Quotient Rule

$$\left(\frac{a}{b}\right)^u = \frac{a^u}{b^u}$$

https://shann.idv.tw/matheng/exponent.html

19 對數 Logarithm

對數 logarithm 來自兩個拉丁化希臘字 logos-arithmos 的合併，直譯為 ratio-number，比例數。取這個名字的原因，可能是因為當初的動機是發現了：如果把等比數列寫成次方形式，則它們的指數會形成等差數列。當它在明朝末年首次傳入中國的時候，就翻譯成「比例數」。當時把 $a = 10^u$ 的數對 (a, u)「對列成表」，稱為「對數表」(logarithm table / table of logarithm)，其中 a 稱為「原數」，到了康熙時代改稱「真數」，而「與 a 相對的數」最後就稱為「a 的對數」了，記作 $\log a$。例如「與 2 相對的數大約是 0.3010」記作 $\log 2 \approx 0.3010$。

在數對 (a, u) 的關係 $a = 10^u$ 中，底數 10 也稱為 $\log a$ 的底數。以 10 為底的對數 (logarithm to the base ten) 記作 $\log_{10}$：把底數 10 寫成 log 的足標或下標 (subscript)。而 $\log_{10} 2$ 讀作 log base ten of two。

Logarithm to the base ten 稱為常用對數 common logarithm。任何除了一以外的正數 b，記作 $0 < b \neq 1$：

For any number b which is greater than zero but not equal to one.

都可以作為關係式 $a = b^u$ 的底數，而以 b 為底的對數 a：log to the base b of a，記作 $\log_b a$，例如 $\log_2 8 = 3$：

Log base two of eight is three.

雖然有很多可能的底數 b，但通常只用三種底。除了 10 以

外，還有常數 e（建議讀作ㄝ以免跟「壹」混淆）。$\log_e$ 稱為自然對數 (natural logarithm)，記作 ln。符號 ln 是 natural logarithm 的拉丁文 logarithmus naturalis（形容詞放在名詞後面）的首字母縮寫；它可以簡讀作 L-N 或 long，但其實很多人還是把它讀作 log。而常數 e 就稱為自然對數的底 (base of natural logarithms)。最後還有 $\log_2$：binary logarithm，近年越來越常用 lg 表示 $\log_2$，但其實在歷史上，lg 曾經是 common logarithm $\log_{10}$ 的符號。符號 lg 建議讀 log base two，或者還是讀 log。

對數的形容詞是 logarithmic，例如對數方程是 logarithmic equation。而對數律則是對數等式 logarithmic identities 或者 rules for logarithms。

只要明白 any positive number a 都滿足 $a = 10^{\log a}$，就很清楚：對數律只不過是指數律的另一種形式而已。本質上，只有如下三條對數律（注意，共同的大前提是真數 a、c 皆為正數，底數 $0 < b \neq 1$）：

● （對數的）乘法律：Product Rule (for logarithms)

$$\log_b(a \times c) = \log_b a + \log_b c$$

〔請接第 29 頁〕
https://shann.idv.tw/matheng/log.html

20 利息 Interest

儲蓄 (savings) 或借貸 (loan) 的本金是 principal，利息是 interest，利率是 interest rate。利率通常以百分比 (percentage) 的形式呈現，正規金融機構，例如銀行 (bank)、信用合作社 (credit union)、郵局 (post office) 公告的利率都是年利率 (annual rate)。

單利是 simple interest，複利是 compound interest。如果宣告利率是 r 而且採用複利計息，則需指定每年計息次數 (frequency of compounding)，例如郵局一年計息兩次（稱為 semi-annual），大多數銀行每年計息十二次（稱為 monthly)；理論上計息週期 (compound period) 應該是 365 除以計息次數，但實際上未必如此。假如每年計息 n 次，金融界規定每次利率為 $\dfrac{r}{n}$。

在儲蓄情境中，本利和就是 total amount。從計息規則可以推論，本金乘以一個倍率或乘數 (multiplier) 即為本利和。例如以複利存款 T 年後的 multiplier 是

$$\left(1+\frac{r}{n}\right)^{nT}$$

所謂連續複利 (continuous compounding / continuously compounded) 就是每分每秒每一瞬間都計息；其實連續複利的 multiplier 並沒有非常大（更沒有「無限大」），就以存款一年 $(T=1)$ 來看：取 $k=n/r$，所以

$$\text{multiplier } \left(1+\frac{r}{n}\right)^n \text{ 也就是 } \left(1+\frac{1}{k}\right)^{rk} = \left[\left(1+\frac{1}{k}\right)^k\right]^r$$

不論 k 有多大（k 不一定是整數），$\left(1+\dfrac{1}{k}\right)^k$ 都不會超過一個常數（但是當 k 越大就越接近它），這個常數稱為歐拉數 (Euler number)，記作 e，而 multiplier 就不會超過 e^r 或記作 $\exp(r)$，讀作 exponential R。歐拉數 e 也就是自然對數的底，它是一個無理數，大約 2.7183。

因為以複利計算時，一年後的利息超過公告的年利率，所以相對來說，公告利率又稱為名目利率 (nominal interest rate)，而實質／有效年利率 (annual percentage yicld, ΛPY / effective annual rate) 是 $T=1$ 時的 multiplier 減一。討論實質利率時，應該把通貨膨脹率 (inflation rate) 考慮在內，但是數學課較少這樣練習。

貸款有兩種：無擔保品的信用貸款 (credit loan / unsecured loan)，以及有抵押物的貸款 (secured loan)；以房屋或土地等不動產 (real estate) 為抵押的貸款，特別稱為 mortgage。在借貸的情境中，借方每年要支付的利息加上各種規費 (fees) 佔貸款本金的百分比，特別稱為 APR: annual percentage rate。

https://shann.idv.tw/matheng/interest.html

41

21 財務 Finance

財務 (finance) 並不是數學教學內容 (not a teaching topic in mathematics)，但是舉例的時候經常涉及個人的財務。

保險 (insurance) 的保費是 premium。儲蓄型保險是一種年金 (annuity)，它經常用來籌備退休金 (pension)。年金經常是一種定期定額投資 (periodic investment)，投資成效的評估方法之一，是計算其年化報酬率 (annualized rate of return)。而評估的程序，可能要計算投資金額的現值 (present value) 和終值 (future value)，這時候少不了通貨膨脹率 (inflation rate) 的猜測。

分期付款是 payment by installments 或者就說 installment；頭期款稱為 down payment。即使號稱零利率 (interest free) 的分期，它的利息也可能隱藏在一次付清 (pay in full) 的折扣 (discount) 裡。

信用卡 (credit card) 的卡費或其他服務費通常稱為 fee (複數是 fees)，發卡機構是 card issuer，持卡人是 card holder，一旦持卡採購 (purchase) 或者預借現金 (cash advance)，信用卡就開始記帳，帳本內的金額統稱為 balance。所有過了繳款期限 (due date) 而沒繳清的金額，都會變成負債餘額 (debit balance)，持卡人與發卡機構就成為借貸雙方 (creditor-debtor)，相當於 card holder 向 issuer 借錢；借錢當然要付利息。這種情況的 APR 相當高。

所得稅 (income tax) 通常是累進制的：

Income tax is usually progressive.

減去各種扣除額 (deduction) 之後的收入，稱為課稅所得 (taxable income)，落在不同區段 (brackets) 內的課稅所得，以不同的稅率 (tax rate) 計稅。非累進制的稅率稱為單一稅，又稱扁平稅 (flat-rate tax)，例如銷售稅 (sales tax) 通常是單一稅。但小心美國人說的 flat tax 或 flat rate 卻可能是固定金額，而不一定是固定比率。

外國的郵局通常不會兼營儲匯業務 (banking services)，臺灣的郵局可以辦儲金簿 (postal saving) 還可以辦理定期存款——臺灣郵局稱為 time saving，美國的銀行稱為 certificate of deposit，簡稱 CD。郵政儲金是臺灣的獨特現象。

https://shann.idv.tw/matheng/finance.html

〔續第 47 頁：23 希臘字母〕

● 變數 x 的差分 (difference) 或位移，或閉區間 $[a, b]$ 等分割的每段寬度，例如 $\dfrac{f(x + \Delta x) - f(x)}{\Delta x}$ 。

注意 Δ 跟表達三角形 ABC 中的 $\triangle$ 應該是不同的符號。

當希臘字母不夠用的時候，數學還會使用希伯來字母（Hebrew，猶太文）或西里爾字母（Cyrillic，俄文）。不過這些情況不會發生在高中數學。

22 同餘 Modulo

最早的同餘運算 (modular arithmetic) 問題出自《孫子算經》的「物不知數」，俗稱為「韓信點兵」；在主流的數學史上，它出自高斯 (Carl Gauss) 在西元 1789 年寫成的劃時代巨著《算術研究》(Disquisitiones Arithmeticae，這是拉丁文，英譯為 Arithmetic Investigations)。

同餘運算已經逐漸移出了中學數學課程，但是它還留在潛課程裡：保存在課外練習與考古題庫裡。

同餘運算的基本觀念是模除 (modulo operation)，它是一種二元運算：當 m 與 n 皆為正整數時，modulo 就是取整數除法的餘數。例如 $14 \bmod 4 = 2$ 是說 14 modulo 4 is equal to 2，其中 modulo 可以讀作 mod。在數學裡，modulo 沒有專屬的算子符號 (operator)，就寫 mod；但是電腦程式語言經常以百分號 % 表示 modulo，例如 $14 \% 4$ 得到 2，此時應將 % 讀作 mod。當 modulo 的兩個運算元素不全是正整數時，例如 $(-14) \% 4$ 或 $14 \% (-4)$，它們沒有全球公認的定義，需要先確認它的定義。

但是模除的精彩之處是定義了正整數之間的一種關係：同餘關係 (congruence modulo)。給定一個大於 1 的整數 p：given an integer $p > 1$，用它當作「模」或「模數」(modulus)，則 m 與 n 對 p 同餘記作 $m \equiv n \pmod p$，讀作 m is congruent to n mod p，或者 m is equivalent to n mod p，其中 mod 仍然是 modulo 的縮寫，意思是 m 除以 p 和 n 除以 p 的餘數相等，用 modulo operation 表達就是

$$m \bmod p = n \bmod p$$

例如 $14 \equiv 2 \quad \bmod 4$ 。所謂「韓信點兵」問題就是一元聯立同餘方程 (system of modular equations in one variable)：

$$\begin{cases} x \equiv 2 \quad \bmod 3 \\ x \equiv 3 \quad \bmod 5 \\ x \equiv 2 \quad \bmod 7 \end{cases}$$

則 x 之所有可能解是對 105 同餘 23 的正整數：

All possible solutions of x are positive integers equivalent to twenty-three mod one hundred and five.

記作 $x \equiv 23 \quad \bmod 105$ 也就是 $x - 23 + 105k$，其中 k 為正整數或 0。

用短除法 (short division) 做模除的記號如下。以 $26905 \div 7$ 為例，它的短除法記號是

$$7 \,\big|\, 26^5 9^3 0^2 5^4$$
$$3\ 8\ 4\ 3$$

不紀錄商，只寫下每一步驟的餘數，就是模除的短除法，最右側的上標就是模除的結果，也就是 $26905 \bmod 7 = 4$。如果電算器有分數功能，則輸入假分數 $\dfrac{26905}{7}$ 讓它轉換成帶分數 $3843\dfrac{4}{7}$ 也可以得知 $26905 \div 7$ 的商是 3843 而餘 4。

shann.idv.tw/matheng/modulo.html

23 希臘字母 Greeks

美國、英國、西歐國家通用的字母 A, B, C 等，各國的讀音有些差異，但是字形大致相同，這些字母通稱為拉丁字母或羅馬字母 (Latin alphabet or Roman alphabet)。數學、物理和許多學術領域習慣採用的第二套字母，是希臘字母 (Greek alphabet)，它共有 24 個字母，各有大寫 (uppercase) 和小寫 (lowercase) 兩種形式。前兩個大寫希臘字母跟拉丁字母相同，但是讀音不同：A (alpha)、B (beta)，它們的小寫字母則跟拉丁字母不一樣：α、β。

每個希臘字母都有標準的英文拼音，而且有其對應的拉丁字母：有些希臘字母對應一個拉丁字母，例如第三個、第四個希臘字母的大寫、小寫、拼音和拉丁對應如下表。也有一些希臘字母對應兩個拉丁字母的組合。

Γ	γ	gamma	G
Δ	δ	delta	D

數學和物理使用希臘字母的原則通常是這樣的：先決定一個關鍵字（德文或法文或英文），取其第一個拉丁字母作為代表符號；如果那個拉丁字母太常用而容易混淆，就換成對應的希臘字母。

例如圓周率 π 是這樣來的：首先，圓周率來自「周長」perimeter 的第一個字母 P，但是 P 太普通了，十八世紀的重要數學家歐拉 (Euler) 採用以上原則，將它改成拉丁字母 P 所對應的希臘字母 π。π 是第 16 個希臘字母，英文拼音是 pi，它的希臘語發音其實像「匹」。但是「匹」跟 P 在語音上難以分辨是說希

臘字母 π 還是說拉丁字母 P。為了彌補這個缺點，英語就將 π 唸成「拍」，跟原本希臘語的發音已經不一樣了。

黃金比 $\dfrac{\sqrt{5}-1}{2}$（另一派人稱它為倒黃金比）習慣記為 ϕ 或 φ，它們是希臘字母 Φ 的兩種小寫字形，都可以讀作 fee 或 figh。Φ 的拼音是 phi，對應的拉丁字母是 F 或 Ph，而 F 看來跟黃金比 (golden ratio) 沒什麼關係。那是因為，採用這個符號是為了向古希臘雕刻大師菲迪亞斯（Phidias，約 480BC－430BC）致敬：Φ 是他的希臘名字的首字母。

數學習慣用小寫希臘字母 θ (theta) 表示一個角的度量。我不知道形成這個習慣的歷史原因。

在中學還常見到大寫希臘字母 Δ，它對應拉丁字母 D，有三種常見的意思：

● 二次多項式 $ax^2 + bx + c$ 的判別式 (discriminant)：

$$\Delta = b^2 - 4ac$$

● 方陣的行列式 (determinant)；例如

$$\begin{pmatrix} a & c \\ b & d \end{pmatrix} \text{ 的 } \Delta = ad - bc \text{ 。}$$

〔請接第 43 頁〕
https://shann.idv.tw/matheng/Greeks.html

24 幾何 Geometry

「幾何」本來是中國固有的數學詞彙，意思是「有多少？」，如今成為 geometry 的音譯，而 geometry 的意譯是「形學」，意思是關於形體的數學。我們常說基礎數學的內容是「數量形」，其中「數量」是指正整數 (positive integer) 和有理數 (rational number)，而「形」就是形體 (shape)，包括平面圖形 (plane figure) 和立體物 (solid)。關於數量的數學是算術 (arithmetic)，關於形體的數學就是幾何 (geometry)。

我們從生活經驗所認知的空間 (space) 是三維的 (three dimensional)，或者說空間的維度 (dimension) 是三。這是因為空間中最多只能有三條互相垂直的直線：three lines which are mutually perpendicular；注意所謂互相垂直的前提是它們有交點。

我們只能從立體物獲得「形」的實際經驗。某些立體物具有某種規則，例如球 (ball)、正立方體 (cube)、金字塔 (pyramid)，看上去就能感知其特殊規則。在概念上，形體的表面 (surface) 沒有厚度 (thickness)，因為如果有厚度，將會無法分辨形體的內部和外部。因為刪除了厚度這個 dimension，所以形體的表面是二維的 (two dimensional)。有些形體的表面是彎曲的，例如球面 (sphere) 就是一種曲面 (curved surface)，也有些形體的表面可以由若干片平坦的 (flat) 面 (faces) 組成，例如 cube 的表面由 6 片正方形 (squares) 組成，pyramid 的底部 (base) 以上，由 4 片三角形 (triangles) 組成。將平坦的面無限延伸而成平面：flat surface 或 planar surface 或者就說 plane。Surface 可以是曲面也

可以是平面，但當沒有特別聲明的時候，surface 的意思是曲面。

　　兩面的交集為曲線 (curved line / curve)，兩平面的交集為直線 (straight line)。Line 可以是直線也可以是曲線，但當沒有特別聲明的時候，line 的意思是直線。因為面沒有厚度，所以相交而得的線就沒有寬度，所以線是一維的 (one dimensional)。兩線的交集就是點 (point)，它沒有厚度、沒有寬度、也沒有長度，也就是說它沒有維度 (dimensionless)。

　　用坐標觀念來看，一維圖形可以用一個實數確定它上面任何一點的位置，二維圖形需要兩個實數，三維圖形需要三個實數。

　　點、線、面是概念性的數學物件 (mathematical object) 或幾何物件 (geometric object)，它們在物質世界中並不存在：

They don't exist in the material world.

　　有規則的幾何物件通稱為 geometric shape（幾何圖形／形體）。探究 plane figures 的數學稱為平面幾何 (plane geometry)，探究 solids 的數學稱為立體／空間幾何 (solid geometry)。

https://shann.idv.tw/matheng/geometry.html

25 歐氏幾何 Euclidean Geometry

中學階段的幾何課題都屬於歐氏幾何 (Euclidean geometry)，通常說的平面幾何與空間幾何也都是指歐氏幾何，也就是被希臘人歐幾里得 (Euclid) 寫在《幾何原本》(Elements) 這本書裡的平面與空間幾何知識。相對而言，不是歐氏幾何的幾何知識就稱為非歐幾何 (non-Euclidean geometry)。歐氏幾何的特徵就是給定任意直線與線外一點，存在唯一通過該點的平行線：

> Given a line and a point not on the line, there exists exactly one line through the given point and parallel to the given line.

而這個特徵等價於 (is equivalent to) 三角形的內角和為 180 度。歐氏幾何觀點之下的空間，又簡稱為平坦的／平直的空間 (flat space)。

　　歐氏幾何的內容固然是基本的數學知識，但是它成為文化傳承 (cultural legacy) 的原因不是內容，而是獲得知識的方法。那就是一切知識基於少數的共同前提；這種前提分為兩大類：

● 公設／公理 (axiom / common notion)。所有理性思考都該同意的共同基礎，例如「全體大於部份」: The whole is greater than the part.)。

● 設準 (postulate)。為了討論特定主題（例如幾何）而假定為真的前提，例如「兩點可作直線」: One can always draw a straight line from any point to any point.

50

然後根據定義 (definition) 和定理 (theorem)，經過證明 (prove) 而得的知識。歐氏幾何確認數學知識的基礎是它的證明 (proof)，證明必須根據邏輯推理 (logical deduction)，但數學證明不只有演繹思考 (deductive thinking)，也可以是歸納的 (inductive)，例如數學歸納法 (mathematical induction)，還有反證法 (proof by contradiction)。這套獲得知識的方法成為數學的特徵。

經過數學證明 (mathematical proof) 確認的知識，通稱為定理。一個文化如果特別關注某樣事物，就會發展出很多細緻的名稱；例如愛斯基摩有許多雪的名稱、阿拉伯有許多沙的名稱、中國有許多親屬關係的名稱。數學特別在乎定理，所以對定理有很多細緻的名稱。在中學階段，許多稱為公式 (formula)——例如海龍公式——或定律 (law)——例如正弦定律——的知識，其實都是定理；到了大學還會遇到以下類型的定理。

- 性質 (proposition)：較為次要的定理（有時候只是表現作者的謙虛）。
- 引理 (lemma)：較小型、比較技術性，但可以用來證明其他重要定理的定理。
- 推論 (corollary)：從大定理經過簡單推理即可得到的定理。

〔請接第 57 頁〕
https://shann.idv.tw/matheng/euclidean.html

26 空間概念 Spatial Concepts

學校數學（school math）課程中的空間概念（spatial concepts）是指歐氏幾何從我們的感官經驗（sensory experiences）所得的基本概念。

兩點決定一直線（其實說「兩點」就是「相異兩點」的意思）：

Two (distinct) points determine exactly one
(straight) line.

這不僅是平面上的性質，在空間中也是如此。在現代的幾何公設系統中（axiomatic system），直線是所謂的原始概念（primitive notion），它是無定義的（undefined）：任何可以被兩點唯一決定的、一維的、向兩側任意延伸的物件，都可以作為直線。例如：方程式 $ax + by = c$ 在坐標平面上的圖形就可以定義為直線。在中小學以及對一般人而言，「直線」就是自然語言所表達的意義。同理，點和平面也是無定義名詞；它們三個都是無定義的、原始概念的幾何物件（geometric objects）。

空間中兩相交直線決定一平面：

Two intersecting lines determine a (unique) plane.

在那個平面上，以交點為頂點可看見四個角落（corners），為了處理角落之間的關係而引進角（angle）的概念。兩相交直線形成四個角，可分成兩對彼此相等的對頂角：vertically opposite angles 或者就說 opposite angles 或 vertical angles。假如四個角彼此一樣大，那樣的角稱為直角（right angle），而那兩條直線互相垂直

(perpendicular)。

從兩相交直線可推論不共線三點決定一平面：Three non-collinear points determine a plane 或者 Three points that are not on the same line determine a plane。也可推論直線與線外一點決定一平面：A line and a point not on the line determine a plane。

空間的關鍵概念在於直線與平面的垂直性 (perpendicularity)。若直線與平面交於一點，且該直線與平面上通過交點的所有直線皆垂直，則稱直線垂直於平面：

> If a line drawn to a plane is perpendicular to every
> line that passes through its foot and lies in the plane,
> it is said to be perpendicular to the plane.

垂直於同一平面的所有直線皆（兩兩）平行：Lines perpendicular to the same plane are (pairwise) parallel。而且垂直於同一直線的所有平面皆（互相）平行：Planes perpendicular to the same line are (mutually) parallel。

看一個球 (ball) 的視覺感受 (visual perception) 有如一個平面上的圓盤 (disk 或 disc)，它的周界 (boundary) 是一個圓／圓圈（名詞：circle，形容詞：circular）。當我們說空間中的圓或圓盤，已經寓意它落在一張平面上。空間中不共線三點決定一平面，在那張平面上，那三點決定一圓：

> Three non-collinear points determine a circle.

https://shann.idv.tw/matheng/space.html

27 基本形體 Shapes

列在中小學學習內容中幾何物件 (geometric objects)，大多屬於基本形體 (elementary shapes)。所謂「形體」(shapes) 包括 plane figures 和 solids(實體、固體或立體物)，本文稱 elementary solids 為「基本體」。

在數學邏輯上，平面圖形或許先於立體物，但人的感官經驗 (sensory experiences) 卻是立體物先於平面圖形。二維基本形體 (two dimensional elementary shapes) 都是觀察基本體的外形而獲得的概念。

基本體有球 (ball)、(正)立方體 (cube)、圓柱 (cylinder)、圓錐 (cone)、三稜鏡 (prism) 和金字塔 (pyramid) 等〔網頁顯示三稜鏡〕。其中立方體、三稜鏡和金字塔屬於多面體（單數 polyhedron，複數 polyhedra），意思是說它們的外觀由若干片（有限多片）平面圖形（稱為面：face）、直線段（稱為稜或邊：edge）和頂點（單數 vertex，複數 vertices）組成，其中每個稜都恰為兩面相交之處，稜與稜只相交於它們的端點，頂點至少是三個稜的共同端點。球、圓柱和圓錐都不是多面體。

在視覺上，可分辨立體物的內部與外部 (interior or exterior)，也可分辨它是凸的或凹的 (convex or concave)。基本體都是凸的，沒有特別聲明時，所謂多面體是指凸多面體。

最少面的多面體是四面體，它的外表由四片三角形的 faces 組成，它一定是凸的。金字塔和三稜鏡都是五面體。四面體、五

面體和六面體的英文分別是 tetrahedron、pentahedron 和 hexa-
hedron。它們的字根 tetra、penta 和 hexa 來自古希臘的數字 4,
5, 6，而字根 hedron 來自古希臘的「底部」(base)。

Pyramid 一般是說金字塔，但其實 pyramid 也是角錐體的意
思，又稱為「稜錐」。Prism 一般是說三稜鏡，但其實 prism 也是
角柱體的意思，又稱為「稜柱」。金字塔是正方錐 (square
pyramid)，也就是以正方形為底的角錐體；三稜鏡是正三角柱
(regular triangular prism)，也就是以正三角形為 base 的角柱體。
另一方面，各種三角錐 (triangular pyramid)——以三角形為底的
角錐體——都是四面體。

長方體是一種六面體，它的英文是 rectangular cuboid 或者
就說 cuboid，字根 oid 是「像〜的」意思，所以 cuboid 意思是
「像立方體的」。長方體也是長方柱 (rectangular prism)，而正方
柱 (square prism) 表示 base 為正方形的柱體，它是至少有兩個
面為正方形的長方體。Cube 可以視為 cuboid 的特例。

沒有特別聲明的時候，柱體——包括圓柱或角柱 (cylinder
or prism)——和錐體——包括圓錐和角錐 (cone or pyramid)——
——是指直柱體和直錐體，直是 right（有如直角是 right angle）；
不直的柱體和錐體稱為斜柱體和斜錐體，斜是 oblique，也可以說
non-right 或 skewed。

https://shann.idv.tw/matheng/shapes.html

28 基本平面圖形 Plane Figures

二維基本形體 (two dimensional elementary shapes) 就是平常說的平面圖形 (plane shapes 或 plane figures)。它們是從觀察基本體 (elementary solids) 的外表而獲得的抽象概念。基本平面圖形有圓形 (circle)、三角形 (triangle)、四邊形 (quadrilateral) 以及它們衍生的圖形。注意，我們通常也說線段 (line segment) 和圓弧 (circular arc) 是平面圖形，但英文的概念會說它們是 curve / graph 而不是 shape / figure。

一大類的平面圖形稱為多邊形 (polygon)：它們是由若干條（有限多條）直線段組成的封閉圖形 (closed shape)，可以將平面分成內、外 (interior or exterior) 兩個區域。圓不是多邊形。那些直線段稱為多邊形的「邊」(edge)，線段的端點相交處稱為頂點（單數 vertex，複數 vertices）。有 n 個邊的多邊形稱為 n 邊形 (n-gon)，當然 n 是大於或等於 3 的整數。常見的多邊形有：

● 三邊形習慣稱為三角形 (triangles)，tri 是「三」的字根。
● 四邊形的學名是 tetragon，俗名為 quadrilateral，quad 是「四」的字根。
● 五邊形 pentagon，來自古希臘數字 5：pente。
● 六邊形 hexagon / sexagon，來自拉丁數字 6：sex。

多邊形有幾個邊就會有幾個頂點，例如五邊形就有五個頂點。如果兩邊在非端點處相交，那些交點並不稱頂點，而那樣的多邊形稱為複雜的 (complex) 多邊形；例如五芒星 (star pentagon / pentagram) 屬於複雜五邊形 (complex pentagon)〔網頁顯示五

芒星〕；不複雜的多邊形稱為簡單多邊形 (simple polygons)，三角形一定是簡單多邊形。

視覺上看得出來多邊形是凸的還是凹的 (convex or concave)，例如五芒星是凹五邊形：Star pentagons are concave。三角形一定是凸的，圓也一定是凸的：

Triangles and circles are convex plane figures.

沒有特別聲明時，多邊形是指簡單的凸多邊形 (simple convex polygons)。

https://shann.idv.tw/matheng/figures.html

〔續第 51 頁：25 歐氏幾何〕

　　Geometry 這個字本來是「土地測量」的意思，《幾何原本》試圖為測量建立可靠的基礎知識，因此《幾何原本》反而不接受操作工具的測量：因為它必然不準確。所以歐氏幾何的另一項特徵是堅持尺規作圖 (straightedge and compass construction)，又稱為幾何作圖 (geometric construction)。特別強調 straightedge 是沒有刻度的直尺，有刻度的直尺稱為 ruler；尺規作圖的核心思想是：唯有不依賴測量的數學知識，才能成為測量的可靠基礎。

29 直線 Line

我們從多面體的稜觀察到線段：line segment 或直接說 segment，它們的端點稱為 endpoints；朝向一側無限延伸稱為射線 (ray)，朝兩側無限延伸就是直線 (straight line 或 line)。線段的中點 (midpoint) 平分 (bisects) 這條線段，而中垂線 (perpendicular bisector) 上的點與線段兩端點等距 (equidistant)；反之 (conversely)，與線段兩端點等距的點在中垂線上：

> If a point is equidistant from the endpoints of a line segment, then it is on the perpendicular bisector of the segment.

所謂三角尺或三角板〔網頁顯示一套三角尺〕稱為 set square 或者就說 triangle，關鍵是它提供了直角，因此可以輕易畫一條直線的垂線 (a perpendicular to a given line)，也可以過指定的點作垂線 (the perpendicular through a given point)，不論是過線上一點，還是過線外一點，都可以作垂線：

> The perpendicular at a point on the line. The perpendicular from a point off the line / not on the line.

過直線 L 外一點 P 的垂線與 L 的交點 (point of intersection 或者就說 intersection)，稱為點 P 到直線 L 的垂足：the foot of the perpendicular from P to L，或者直接說 the foot of P on L。有些高中老師習慣稱垂足為正射影：The orthogonal projection of P on L.

Perpendicular 既是形容詞也是名詞。垂直性是互相的

(symmetric)，它是直線、射線、線段、平面之間的關係。但是垂直的前提是相交 (intersect)，延長之後才垂直的線段就不稱為垂直。垂直 (perpendicular) 跟正交 (orthogonal) 幾乎是同義詞，對比較具體的幾何物件說 perpendicular，對比較抽象的說 orthogonal。

共平面的 (coplanar) 不相交直線稱為平行線：

Parallel lines are coplanar straight lines that do not intersect.

所以當我們說「L、M 為空間中的平行線」就已經寓意 L 和 M 在同一張平面上。不共面的直線稱為歪斜線：

Noncoplanar lines are called skew lincs.

因為平行線有公垂線 (common perpendiculars)，所以使用三角板也可以輕易作一條直線的平行線：

Constructing parallel lines to a given line.

或者在指定點上作平行線：

Constructing the parallel through a given point.

Parallel 跟 perpendicular 一樣：既是形容詞也是名詞。平行性 (parallelism) 也是互相的，它是直線、平面之間的關係。

德國有一種附量角器的三角板，稱為 Geodreieck〔網頁顯示一支 Geodreieck〕。

https://shann.idv.tw/matheng/line.html

30 圓 Circle

圓可能是人類唯一能在自然界看到的平面圖形：太陽或滿月的輪廓。人將這個觀察概念化 (conceptualize) 為「一中同長」的平面圖形：在平面上與一定點（稱為圓心、center）等距（此距離稱為半徑、radius）的所有點聚集而成的圖形；All points in a plane that are equidistant from a given point。

　　Radius 既指圓心到圓上任一點的線段，也指那個線段長，它的複數是 radii。畫圓的工具稱為圓規 (compass，這個字也是羅盤、指南針的意思)。以圓上兩點為端點的線段稱為弦 (chord)，它延伸的直線稱為割線 (secant)，最長的弦稱為直徑 (diameter)，diameter 既指那一條線段，也指它的長度。

　　一般平面區域的周長稱為 perimeter，但圓周長特別稱為 circumference；Circumference 既是指圓周那條曲線，也指圓周長。Circle 的意思可以是圓周 (circumference) 也可以是圓盤 (disk)，圓周是一個 curve / graph，圓盤是一個 shape / figure。

　　所有的圓皆相似 (similar)，所以對應邊 (corresponding sides) 成比例 (in proportion)，例如兩個圓的圓周長與直徑成正比，而圓周對直徑的比值是常數，稱為圓周率：

The ratio of the circumference to its diameter.

英語並沒有「圓周率」的簡單說法，就說 π。

　　圓上兩點將圓分成兩個弧 (circular arcs 或者就說 arcs)，當兩弧一樣長，它們各是一個半圓 (semicircle)；當它們不一樣長，

比較短的稱為 minor arc 而比較長的稱為 major arc——直接翻譯為小弧和大弧，但課本裡都寫劣弧和優弧，其實它們只有大小之分，並沒有優劣之分，優弧和劣弧是不幸的翻譯。

沒有特別聲明的時候，所謂兩點決定的 arc 就是指 minor arc。類似地，所謂弦所對的弧 (the arc subtended by the chord) 也是指 minor arc；此時，弧或弦有一個相對的圓心角 (the arc/chord subtends the central angle)。圓心角又稱為 angle at the center，相對地圓周角的英式說法是 angle at the circumference，美式說法是 inscribed angle。圓周角是對同弧圓心角之半：

> The inscribed angle is half of the central angle that
> subtends the same arc on the circle.

同平面上兩個同心圓 (concentric circles) 之間的環狀區域稱為 annulus。同平面之兩圓盤的交集區域稱為 lens（譯為「透鏡」）。Semicircle 是指半圓，也可以當作半圓盤 (half-disc) 的同義詞，意思是半圓與直徑所圍的區域；在這個意義之下，半圓是最大的弓形；弓形稱為 circular segment 或 disk segment 或者直接說 segment。弓形是圓盤被割線切開 (cut-off) 的兩個區域之一，扇形是圓盤被兩條半徑切開的兩個區域之一，扇形稱為 circular sector 或 disk sector 或者就說 sector。沒有特別聲明的時候，弓形和扇形都是指包含 minor arc 的那一部份。

同平面上的圓與直線有三種關係：切、割、離，英文依序是 tangent、secant、passant。

〔請接第 65 頁〕
https://shann.idv.tw/matheng/circle.html

31 角 Angle

圓心角 (central angle) 是一般性的角 (angle) 的概念來源,它們之間有深刻的 (profound) 關聯,學生最好能將圓心角作為「角」的概念心像 (mental image)。任意縮放圓的半徑時,感受圓心角的不變性,因此而將「角」的概念抽象化為:由共端點的兩射線 (two rays of a common endpoint) 所組成的幾何物件;兩射線稱為角的邊 (sides / arms of the angle),共同的端點稱為角的頂點 (the vertex of the angle)。角量 (angle measure) 是平面上從始邊 (initial side) 到終邊 (terminal side) 繞頂點的旋轉量:

> The amount of rotation from the initial side to the terminal side of the angle.

因為射線 (ray) 的古典意義是固定一個端點朝某方向任意延伸的線段 (with one endpoint and can be extended indefinitely in the other direction),所以角的邊也可以是任意長度的線段,並不違背前面的定義。小學生就該了解:角的邊長 (lengths of an angle's sides) 跟角的大小 (size of an angle) 無關。最好藉由具體的圓心角幫助學生建立這個觀念。

兩角的相等可說 equal 或 congruent,其中 congruent 強調幾何上的相等,equal 強調角度的相等。

半圓所對的圓心角稱為平角 (straight angle),抽象而言:兩邊共線 (collinear) 的角就是平角;平角的一半稱為直角 (right angle),平角的兩倍稱為全角 (complete angle 或 angle of full rotation)。比直角小的角稱為銳角 (acute angle),但零角 (null angle) 不算銳角。比直角大、不到平角的角稱為鈍角 (obtuse angle)，但平角不算鈍角。比平角大、比全角小的角，稱為 reflex angle，我國譯為「優角」。一般人所認知的角都是「非優角」：銳角、直角、鈍角，因為所謂「角」通常就是「非優角」，所以沒有必要特別為它們命名；但如果特別要說「非優角」，英文的說法是凸角 (convex angle)。

在中學課程裡，只討論平面上的角：平面角 (planar angle)。空間中的角，都是在某個平面上討論的。兩面角雖有 dihedral angle 的說法，但其實習慣說 angle between two planes。兩面角其實是在兩個平面的公垂面上：A plane which is perpendicular to both planes，討論其平面截痕 (plane section)——也就是平面上的兩條直線——形成的角。在感官經驗上，可以用角鋼 (angle bar) 認識或測量垂直的兩面角。

空間中兩相交的直線一定是共面的 (coplanar)，它們的夾角就在那個平面上討論。而直線與平面的角，就在包含直線且垂直於平面的那個平面上討論：The plane containing the line and perpendicular to the plane。

我們常用小寫的希臘字母 θ 作為角的代號，θ 沒有對應的拉丁字母，它的英文拼字是 theta。

https://shann.idv.tw/matheng/angle.html

32 角量 Degree / Radian

學校通常教兩種角的測量單位 (unit)：日常使用的是「度」(degree)，為準備微積分而學習「弳」(radian)。科學或工程型計算機 (scientific or engineering calculator) 通常還提供第三種單位，就不說了。可是，在物理的量綱分析意義之下（dimensional analysis，又譯作因次分析），角是無因次量 (dimensionless)，又譯為「無維量」，可是也俗稱為「無單位量」。這兩個觀念的中文都說「單位」，所以很混淆，但是它們的英文用了不同的字，就不至於混淆了。

　　角的測量都藉助於圓。以角的頂點為圓心，任取一個半徑作圓，取角內的那一段弧長 (arc length)。角的度度量 (degree measure) 定義為

$$\frac{弧長}{圓周長} \times 360 = \frac{\text{arc length}}{\text{circumference}} \times 360$$

角的弧度量 (radian measure) 定義為

$$\frac{弧長}{半徑} = \frac{\text{arc length}}{\text{radius}}$$

弧度量的單位「弳」(radian) 簡記為 rad。1 弳就是弧長等於半徑的弧所對的圓心角：

> One radian (1 rad) is the angle subtended by an arc of a circle whose length is equal to the radius.

測量角的工具稱為量角器 (protractor)，通常以「度」為單位。弳與度的單位換算是

$$1\,\mathrm{rad} = \frac{180}{\pi}\,\mathrm{deg} \approx 57.3°$$

習慣上，度度量的整數部份 (integral part) 以一般的十進制數字 (decimal notation) 表示，注意「整數的」跟「積分」是同一個字：integral，要根據前後文判斷它的意涵。但是不足 1 度的零頭部份 (fractional part) 則習慣用所謂的六十進制 (sexagesimal)，其實就是分秒制 (minute-second system)。也就是把一度分成 60 分 (minute)，一分分成 60 秒 (second)。例如 2 degrees 5 minutes 30 seconds is written $2°5'30''$。當秒還有不足 1 秒的部份，通常 round to the nearest second，或者就以十進制小數表示秒。例如 $36.3333° = 36°19'59.88'' \approx 36°20'$。

Radian 是十九世紀末才創造的字，可能是由 radius（半徑）和 angle（角）組成的。「弳」則是二十世紀創造的新字，可能是由「弧」和「徑」組成的。

https://shann.idv.tw/matheng/angunit.html

〔續第 61 頁：30 圓〕
圓的切線是說 tangent to a circle，切點稱為 point of tangency，切線垂直於通過切點的半徑：The tangent to a circle is perpendicular to the radius through the point of tangency；可簡單地說：Tangent is perpendicular to the radius。圓可以視為橢圓 (ellipse) 的特例。

33 四邊形 Quadrilateral

人造物體的表面常常是四邊形，工業與商品設計也經常利用四邊形。臺灣的數學課程，通常只是把四邊形用來鍛鍊邏輯推理 (logical inference)。西方的課程裡，四邊形通常還有平面拼貼 (tessellation/ tiling) 的應用課題。

　　四邊形可以作為鍛鍊邏輯的工具，是因為各種特殊四邊形之間有較為複雜的從屬關係，最好能用樹狀圖 (tree diagram) 來呈現〔網頁提供四邊形集合關係樹狀圖〕。

● Quadrilateral：四邊形，指一般的、無特殊規則的四邊形。
● Parallelogram：平行四邊形，注意 parallel 就是平行的意思；它的特徵：
　○ 一組對邊平行且相等：One pair of opposite sides are parallel and equal.
　○ 兩組對邊分別相等：Opposite sides are equal.
　○ 兩組對角分別相等：Opposite angles are equal.
　○ 對角線互相平分：Diagonals bisect each other.
● Rectangle：長方形、矩形，具備平行四邊形所有特徵，並且
　○ 四個角皆相等，皆為直角：All angles are equal。其實只要一個角為直角即可推論四個角皆為直角。
● Rhombus（複數 rhombi）：菱形，具備平行四邊形所有特徵，並且
　○ 四個邊皆相等：All sides are equal.
　○ 對角線互相垂直：Diagonals are perpendicular。因為它們

本來就互相平分，所以其實是互相垂直平分。

- ○ 對角線亦為角平分線：Diagonal bisects a pair of opposite angles.
- ● Square：正方形，同時具備矩形與菱形的特徵。四邊皆相等的長方形，或者四角皆相等的菱形。
- ● Trapezoid / Trapezium：梯形，恰有一組對邊平行 (exactly one pair of parallel sides)，這兩邊都稱為底 (bases)，必要時可分上底 (top) 和下底 (base)。
- ● Isosceles trapezoid：等腰梯形，梯形中不平行的兩邊（稱為 legs）等長 (legs are congruent / legs are of equal length)。還有以下特徵：
  - ○ 底角相等：Base angles arc cqual。等腰梯形有兩組底角，它們互為補角（兩角之和為平角）。
  - ○ 對角線等長：Diagonals are equal.
- ● Kite：箏形。
  - ○ 兩組鄰邊相等：Two pairs of adjacent sides are equal.
  - ○ 一組對角相等：One pair of opposite angles is equal.
  - ○ 對角線垂直：Diagonals intersect at right angles.
  - ○ 某對角線平分另一條對角線：One diagonal bisects the other diagonal。其實某對角線是另一條對角線的中垂線。

〔請接第 73 頁〕

https://shann.idv.tw/matheng/quadri.html

34 三角形 Triangle

三角形 (triangle) 是最少邊數的多邊形。在邏輯上，三角形是最基本的平面圖形，可是四邊形才是人們生活經驗中最熟悉的圖形。四邊形可以沿對角線分割成兩個三角形；反過來，每個三角形都是某個平行四邊形沿對角線分割的一半，所以三角形面積 (area of triangle) 是二分之底乘以高。

　　三角形可以細分為幾個種類，按照它們在應用上的重要程度，依序為：

● Right-angled triangle / Right triangle：直角三角形。

● Isosceles triangle：等腰三角形，一些名稱或性質如下。

○ 兩腰的英文是 legs，第三邊稱為底 base。

○ 兩腰的對角稱為底角，底角相等：Two angles opposite the legs (base angles) are equal.

○ 兩腰的夾角稱為頂角 (vertex angle / apex angle)；頂角可能為銳角、直角或鈍角，但底角必為銳角。頂角的頂點稱為 apex。

○ 底的中線 (median to the base / median from the apex)，即頂點與底邊中點決定的直線，是等腰三角形的對稱軸 (axis of symmetry)；此中線是頂角的角平分線 (the angle bisector of the vertex angle)，也是底的中垂線 (the perpendicular bisector of the base)。

● Equilateral triangle：等邊三角形，又稱為正三角形 (regular triangle)。

○ 有時候將正三角形視為等腰三角形的特例，有時候規定正三角形並非等腰三角形，這件事並無全球的共識，要注意個別文件的前提。

- Acute-angled triangle：銳角三角形，三角皆為銳角。
- Obtuse-angled triangle：鈍角三角形，某一角為鈍角。
- Oblique triangle：斜三角形。非直角三角形，也就是銳角或鈍角三角形，又稱 non-right triangle。
- Scalene triangle：不規則三角形，又稱為不等邊三角形，也就是三邊不互等，可推論三角亦不互等。

我們習慣用 A、B、C 表示三角形的頂點，記作 $\triangle ABC$，讀作「三角形 ABC」(triangle ABC)。我們同時也用 A、B、C 表示內角，例如頂點 A 的內角記作 $\angle A$，讀作「角 A」(angle A)。我們用 a、b、c 同時表示邊和邊長，而 a 邊是角 A 的對邊〔網頁圖示〕：

Side a is the side opposite angle A.

沒有特別聲明時，三角形的「角」是指內角 (interior angles)。三角形的內角和定理 (angle sum theorem for triangles) 斷言三個角加在一起等於一個平角（俗稱 180 度）：

Sum of all the interior angles of a triangle is equal to a straight angle.

此定理其實也可以當作歐氏幾何的基本假設，稱為「三角形設準」(Triangle Postulate)。

〔請接第 79 頁〕

https://shann.idv.tw/matheng/triangle.html

35 多邊形 Polygon

多邊形 (polygons) 是一類主要的平面圖形。七、八、九、十、十一、十二邊形除了可以說 7-gon、8-gon 之外，比較有學問的說法是根據希臘、拉丁數字而得的學名：

- 七邊形 heptagon / septagon：拉丁數字 7 (vii, septem)。
- 八邊形 octagon：拉丁數字 8 (viii, octo)。
- 九邊形 nonagon：拉丁數字 9 (ix, novem)。
- 十邊形 decagon：拉丁數字 10 (x, decem)。
- 十一邊形 hendecagon：hen＋拾邊形，古希臘數字 11 (xi, hendeka)。
- 十二邊形 dodecagon：do＋拾邊形，古希臘數字 12 (xii, dodeka)。

　　有沒有發現拉丁數字 7, 8, 9, 10 非常接近九月 (September)、十月 (October)、十一月 (November) 和十二月 (December)？是的，古羅馬本來只有十個月，它們本來是七、八、九、十的月份名稱。經過幾番改革，在這四個月之前插入了兩個新的月份：July 和 August，那四個月就變成如今的九月、十月、十一月和十二月了。

　　每邊一樣長且每角一樣大 (equilateral and equiangular) 的簡單凸多邊形稱為「正規」多邊形 (regular polygons)，簡稱正多邊形。正三角形 (regular triangle) 又稱為等邊三角形，正四邊形 (regular quadrilateral) 又稱為正方形。五芒星 (star pentagon) 雖然也是每邊一樣長且每角一樣大，但它不是正五邊形 (regular pentagon)，因為它既不凸也不簡單。非正規的多邊形稱為不規則多邊形 (irregular polygons)。

　　雖然視覺可以分辨凹或凸的多邊形，但數學還是要有凸多邊形的定義：例如規定每個內角 (interior angle) 都小於平角，或者規定在邊上任取兩點所作的線段全部落在多邊形的內部：

The line segment between two points of the polygon is contained in the interior (and the boundary) of the polygon.

　　將多邊形劃分成若干三角形的作法，稱為三角分割或三角化 (triangular partition)，一組分割的樣式稱為一個 triangulation。運用這個技術，可知 n 邊形 (n-gon) 的內角和 (sum of interior angles)為 $n-2$ 個平角。因此，正 n 邊形 (regular n-gon) 的每個內角皆為

$$\frac{n-2}{n}\times 180°$$

但是 n 邊形的外角和 (sum of exterior angles) 卻是固定的：一個全角 (360°)；此結論一般僅對凸多邊形而言，其實對凹多邊形也成立，只是需要考慮有向角 (directed angle)。

https://shann.idv.tw/matheng/polygon.html

36 對稱 Symmetry

對稱 (symmetry) 其實有四種：

● 反射對稱：reflection symmetry，又稱為鏡對稱 (mirror symmetry)。包括線對稱 (line symmetry)、點對稱 (point symmetry)、面對稱 (plane symmetry)。

● 旋轉對稱：rotation symmetry。

● 平移對稱：translation symmetry。

● 滑動反射，平移與反射的合成，不在課程裡。

雖然數學課程包含旋轉與平移，但是並不說它們也是對稱性；在數學課裡，所謂對稱就是指反射對稱。如果沒有特別聲明，反射對稱就是指線對稱。

本身具有對稱性的圖形稱為對稱圖形，英文是 symmetrical figure / shape，其中 symmetrical 也可以用 symmetric。例如等腰三角形是對稱圖形：

Isosceles triangles are symmetric figures.

等腰三角形的頂角平分線是其對稱線：

The bisector of the vertex angle of an isosceles triangle is a line of symmetry / is a symmetry line for the triangle.

對稱線又稱為對稱軸 (axis of symmetry)。通過圓心的任何直線都是那個圓的對稱軸：

Any line through its center is an axis of symmetry for the circle.

在平面上給定一個圖形以及一條直線當作對稱軸，可做對稱圖形／鏡射圖形(draw reflected shape)。如果原先的圖形是多邊形，則只需要做頂點的對稱點 (reflective points of the vertices)。點 A 與 A' 對稱於直線 L 有若干說法：

Points A and A' are symmetric with respect to / about / across the line L.

或者說 A' 是 A 對稱於直線 L 的點：

A' is the reflection of A across line L.

A' is the symmetrical point of A from the line L.

這種對稱意思是：直線 L 是線段 AA' 的垂直平分線 (perpendicular bisector)。

https://shann.idv.tw/matheng/symmetry.html

〔續第 67 頁：33 四邊形〕

在平行四邊形與梯形中，一組平行對邊的距離就稱為「高」(height)，而他們的面積原則上就是底乘以高（梯形的面積是兩底的平均值乘以高）。當對角線互相垂直時（箏形、菱形、正方形），面積是對角線相乘的一半：Half the product of the lengths of diagonals。

長方形的兩組對邊，在數學課裡的名稱是長、寬；有時候說比較長的邊為長 (length)，比較短的邊為寬 (width)，也有些時候說水平的邊 (horizontal side) 為寬，鉛直的邊 (vertical side) 為長。在生活中，鉛直的邊也會稱為高 (height)。

37 視圖 Projection

在平面上表現立體物 (representing solids on a plane) 是數學溝通 (mathematics communication) 的重要項目，它是畫法幾何 (descriptive geometry) 在學校課程中的簡單應用。數學課專注於視圖的基本原理，在工程 (engineering)、設計 (design)、電腦圖學 (computer graphics) 等領域有更專業的發展，通稱為三維投影 (3D projection)。

　　首先要了解：數學不採用透視圖 (perspective projection)，所以數學的立體物圖示跟視覺經驗、攝影 (photography)、美術繪圖 (drawing) 有所不同。在透視圖裡，物體上互相平行的稜邊可能朝向消失點 (vanishing points) 而靠近，所以它們在平面圖上並不平行。網頁上呈現有一個、兩個、三個消失點的立方體透視圖；我們看到有些正方形變成梯形。

　　相對地，數學圖示採用平行視圖／平行投影 (parallel projection)，意思是固定一個成像的平面 (image plane) 或投影面 (projection plane)，以彼此平行的視線 (lines of sight 或 sight lines 或 visual axes) 或投影線 (projection lines) 將物體投影在平面上。因為真正的視線應該交於觀察點 (viewpoint) 而非平行，所以平行視圖並不符合視覺經驗，可是它確保空間中彼此平行的直線，在圖示中也是平行的，所以它適合數學溝通之用。

　　當平行視圖的視線垂直於投影面時，稱為正視圖／正投影／正射影 (orthographic projection)。當正視圖同時呈現立方體的三個面時，它們都是非正方形的菱形，如網頁上第二列的左圖；

而斜的平行視圖 (oblique projection) 反而可以看到一個正方形，如網頁上第二列的右圖。正視圖和斜視圖都是常用的圖示法。

三視圖 (three-view drawing 或 multiview projection) 是特殊的正視圖。想像我們按一般的習慣建立空間坐標：x 朝向自己，y 軸朝右，z 軸朝上。想像物體放在第一卦限，盡力讓它有最多的面平行於坐標平面，有最多的稜（或對稱軸）平行於坐標軸。這時候，物體在 yz 平面的正射影稱為前視圖 (front view)，也常稱為立面圖 (elevation view)；在 xy 平面的正射影稱為上視圖／俯視圖 (top view)，也常稱為平面圖 (plan view)；物體在 xz 平面的正射影稱為側視圖或右視圖 (lateral/side view)。

有必要的話，三視圖最多可以給六幅圖，這六幅圖都稱為主視圖 (primary views)；沒必要的話，也可以只給其中一幅主視圖，例如呈現一片很薄的板子，就只需要上視圖。有些設計軟體會把視窗分割成四塊，其中三塊呈現三幅主視圖，第四塊呈現一幅輔助圖 (an auxiliary view)，它是某種視角 (viewing angle) 的正視圖。

生活中的長方體物件，例如書桌、衣櫃、樓房，前視圖的長方形兩邊會說寬 (width) 和高 (height)，而上視圖的長方形兩邊則會說寬和深 (depth)。如果長方體有一邊很短，則會稱那一邊為厚 (thickness)。

〔請接第 79 頁〕

https://shann.idv.tw/matheng/descriptive.html

38 相似形 Similar Figures

相似形 (similar figures) 在日常語言中的意思是「形狀相同但大小不見得相等」的圖形：

Figures having the same shape, but not necessarily the same size.

此觀念來自：以同一視角在不同距離觀看同一物件的視覺經驗。例如網頁呈現同一幅正十二面體照片的三種縮放 (zooming)。

若想要用數學語言定義相似形，則只能定義幾何形體之間的「相似性」(similarity)。最基本的相似概念是矩形 (rectangles) 的相似性：當矩形的長寬比 (length-to-width ratio / aspect ratio) 是等比 (相等的比：equivalent ratios) 時，它們彼此相似 (they are similar)；例如在網頁第二列的圖上，左側、中間兩個矩形相似，它們與右側矩形不相似：前者是 16:9 的矩形 (sixteen to nine)，但後者是 4:3 (four to three)。

通常我們規定長方形較長的邊為長 (length)，較短的邊為寬 (width)，所以雖然在網頁的圖上，矩形的方向性 (orientation) 不同：左側是橫的 (landscape) 中間是直的 (portrait)，但它們的長寬比相等。矩形 R 和 R' 相似的關係記作 $R \sim R'$：R is similar to R prime；波浪符號 $\sim$ 稱為 tilde，俗稱小蚯蚓。

若將兩個相似的長方形 $ABCD$ 和 $AB'C'D'$ 沿左下角對齊：令頂點 A 在左下角，點 B' 在 AB 直線上，點 D' 在 AD 直線上，則它們的對角線 AC 和 AC' 延伸成同一條直線，也就是點 C' 一定落在直線 AC 上。參閱網頁第三列的圖。

　　從矩形的相似性可定義相似的直角三角形，並可推論：兩股成比例的直角三角形彼此相似；再進一步發現：兩股的比值可以決定一個銳角。這是因為，如果把長方形的底邊和左邊對齊，觀察它們的對角線，可以看到不同比值的長方形決定不同的對角線。於是這些對角線和底邊所夾的角，就跟長方形的兩邊比值，有了一一對應的關係。

　　用「正切表」(tangent table) 可檢索銳角對應的兩股比值，而反查正切表 (arctan) 則可以從比值檢索銳角的角度。對一般人而言，「正切表」就像算盤和輪胎似的，屬於文化遺產 (cultural heritage)；它怎麼來的暫時並不重要，重要的是學會用它。

　　從直角三角形的相似性可推論：兩組對應角相等的三角形彼此相似，它們的對應邊成比例：Two triangles are similar if there are two congruent corresponding angles, their corresponding sides are in proportion.

　　三角形只要對應角相等就相似了，也就是三角形的對應角相等可保證對應邊成比例；但是長方形並非如此：長方形的對應角皆相等（都是直角），但是如果對應邊不成比例，就不是相似長方形。推廣至一般的多邊形，當對應角相等而且對應邊成比例時，它們是相似多邊形。

　　當邊數 $n \geq 3$ 時，正 n 邊形 (regular n-gons) 彼此相似。所有圓彼此相似：All circles are similar to each other；所有球也彼此相似。

https://shann.idv.tw/matheng/similar.html

39 直角三角形 Right Triangle

我們到文具行買一個三角板——它的英文商品名稱就是 triangle——買來的就是一個直角三角形 (right triangle) 的板子。可見直角三角形是最實用的三角形。三角形的各種性質在直角三角形上也都成立，而且更容易理解（例如內角和定理）；反過來看，許多三角形的性質，可以視為直角三角形性質的推廣，例如面積公式、正弦定理、餘弦定理。

直角三角形的斜邊，中文稱「弦」，英文是 hypotenuse，來自希臘文。弦以外的兩邊稱為兩股 (two legs)，所以：

A right triangle has two legs.

參閱網頁上的圖，將三角形「擺正」之後，legs 有「勾股」之分：勾是底 (base)，股是高 (perpendicular 或 height)。我們習慣用 a, b, c 同時表示邊（線段）和邊長，用 A, B, C 同時表示頂點和其內角，而 a 邊是角 A 的對邊。斜邊是直角的對邊：The hypotenuse is the side opposite the right angle。

直角三角形有兩個最深刻的性質，第一個是：

畢氏定理 Pythagorean Theorem

這個定理被譽為人類的第一個數學定理。它是說：

斜邊平方等於兩股平方和。

The square of the hypotenuse is equal to the sum of the squares of the legs.

配合網頁附圖的符號來寫，就是：

$$c^2 = a^2 + b^2$$

https://shann.idv.tw/matheng/righttriangle.html

〔續第 69 頁：34 三角形〕

　　三角形的任一外角 (exterior angle) 是其相鄰內角的補角 (the supplementary angle of the corresponding interior angle)，也等於兩個遠內角和：

The exterior angle of a triangle is equal to the sum of the two remote / opposite interior angles.

因為空間中不共線三點決定一平面，所以空間中的三角形必然落在同一平面上。

〔續第 75 頁：37 視圖〕

　　另外兩種有助於了解立體物的平面圖是展開圖 (net) 和截面圖／剖面圖 (cross section)。網頁最下方是三角柱的一種展開圖 (a net for the prism)。展開圖有助於計算立體物的表面積 (surface area)，而剖面圖有助於用積分計算立體物的體積。

40 正餘弦 Sine and Cosine

直角三角形的第二個深刻性質是

三角比 Trigonometric Ratios

意思是說：只要指定任一銳角（就說是 $\angle A$，say $\angle A$），則所有這樣的直角 $\triangle ABC$ 皆彼此相似 (similar)，因此三個邊長的比 $a:b:c$ 是一個固定的比。參閱網頁上的圖，如果我們定義

$$a:b:c = \sin A : \sin B : 1$$

再規定 $\sin 90° := 1$，則所謂「正弦定理」(Law of Sines) 在直角三角形上僅為正弦 (sine) 的定義；它可以推廣到一般三角形。

某角的餘弦 (cosine) 定義為其餘角的正弦 (sine of the complementary angle)，亦即 $\cos A = \sin(90° - A)$。所謂「餘弦定理」(Law of Cosine，又稱為 cosine formula 或 cosine rule) 可以視為畢氏定理在斜三角形上的推廣：

An extension / generalization of the Pythagorean theorem on non-right triangles.

當 $\angle C$ 是鈍角，邊長 c 的平方大於 $a^2 + b^2$，它的修正項 (correction term) 是加上 $2ab\cos C^s$：

$$c^2 = a^2 + b^2 + 2ab\cos C^s$$

其中 C^s 表示 $\angle C$ 的補角 (supplementary angle of C)，也就是 $180° - C$。這其實是《幾何原本》(Elements) 第二卷命題 12 (Book

2, Proposition 12)，原文寫著：

> In obtuse-angled triangles, the square on the side subtending the obtuse angle is greater than the (sum of the) squares on the sides containing the obtuse angle by twice the ...

意思是說「在鈍角三角形裡，鈍角的對邊平方比鈍角的兩邊平方和多了...」，而多出來的量就是 $2ab\cos C^s$。只不過當年還沒有 cos 觀念，所以算法比較複雜。

當 $\angle C$ 是銳角，邊長 c 的平方小於 $a^2 + b^2$，修正項要減去 $2ab\cos C$：

$$c^2 = a^2 + b^2 - 2ab\cos C$$

這是《幾何原本》第二卷命題 13 (Book 2, Proposition 13)。

我們只要規定 $\cos 90° := 0$，畢氏定理就成了餘弦定理的特例，也就是當 $\angle C$ 是直角時，修正項等於 0。

對大眾而言，任意銳角的三角比（sine 和 cosine）都可以當作已知，只要用計算機就能查到它的近似值；而反查功能（反正弦 arcsin 和反餘弦 arccos）則可以從三角比查到對應的銳角。它們的值怎麼來的暫時不重要，就像語言和數目字一樣，它們就是文化遺產 (cultural heritage)：學會使用它們才重要。

https://shann.idv.tw/matheng/sine.html

41 外接圓 Circumcircle

通過多邊形所有頂點的圓，稱為那個多邊形的外接圓 (circumscribed circle 或 circumcircle)：

The circle that passes through all the vertices of a polygon.

並非所有多邊形都有外接圓，但是因為不共線三點決定一個圓，所以三角形一定有外接圓。（凸）四邊形必須滿足「對角互補」 (opposite angles are supplementary) 的條件才有外接圓，這種四邊形的頂點稱為共圓 (concyclic)。正多邊形的頂點必然共圓：Vertices of a regular polygon are concyclic points，這些頂點將外接圓分割成相等的圓弧 (cut the circle into congruent circular arcs)。

當多邊形有外接圓時，它的圓心稱為多邊形的外心 (circumcenter)，它的半徑為「外半徑」(circumradius)。它是多邊形任兩邊的中垂線交點：

The intersection of the perpendicular bisectors of any two sides of the polygon.

所有邊的中垂線都會通過外心。

反過來，對外接圓而言，多邊形稱為它的內接多邊形 (inscribed polygon)。

三角形邊角關係 (the side-angle relationships) 的定性描述 (qualitative descriptions) 如下。

● 大邊對大角，小邊對小角。

In any triangle, the greater side subtends the greater angle.

● 大角對大邊，小角對小邊。

In any triangle, the greater angle is subtended by the greater side.

　　把三角形邊角關係放到外接圓裡就看得很清楚：參閱網頁附圖，因為大邊對大弧，大弧的圓心角 (central angle) 比較大，而此邊的對角 (opposite angle) 是對同弧的圓周角 (subtended inscribed angle)，圓周角是圓心角之半，所以比較大的圓心角也就保證比較大的圓周角。

　　正弦定理 (Law of Sines) 則可以視為三角形邊角關係的定量描述 (quantitative descriptions)：邊長與其對角之正弦的比值為常數，此常數為三角形外接圓的直徑，或者說是兩倍的外半徑。

The ratio of a side of a triangle to the sine of its opposite angle is a constant. The constant is the diameter of the triangle's circumcircle, or $2R$ where R is the circumradius.

https://shann.idv.tw/matheng/circumcirc.html

42 三角形的建構 Construction

在德國的某份教材裡，三角形全等性質 (the congruence of triangles) 的教學重點放在三角形的建構（動詞 construct，名詞 construction），在操作中了解全等條件是決定唯一三角形的條件 (conditions that determine unique triangles)，教學重點並不在於全等三角形的證明 (proof for congruent triangles)。全等符號是 ≅：tilde over equal sign，讀作 is congruent to。

美國的某份教材則讓三角形全等教學兼具欣賞數學思維的任務，但是他們按照教學目標簡化了邏輯系統，將 SSS, SAS, ASA 當作三角形全等設準：Triangle Congruence Postulates，而 RHS, AAS 作為三角形全等定理：Triangle Congruence Theorems。

如果我們先接受正弦定理、餘弦定理，則只需要將一個全等條件當作設準，其他四種全等條件都可以推論出來。就選 SAS 作為設準吧。所謂 SAS (Side-Angle-Side) 是指兩邊及其夾角：two sides and the included angle。這是最容易以操作活動獲得信念的三角形全等條件：給定兩邊及夾角，只能建構唯一的三角形。《幾何原本》(Elements) 將這個性質放在第一卷命題 4 (Book 1, Proposition 4)，相當前面，可見它相當基本。

所謂 SSS (Side-Side-Side) 是指三條線段（或三條線段的長度）可建構唯一一個三角形：

A unique triangle can be constructed given all three sides.

根據三角形的內角和定理，顯然不是隨便三個角就能組成三角形。類似地，也不是任意三條線段都能組成三角形，它們的長度必須

符合三角不等式 (triangle inequalities)：

● 兩邊之和大於第三邊。

The sum of any two sides (of a triangle) is greater than the third side.

● 兩邊之差小於第三邊。

The difference of any two sides (of a triangle) is less than the third side.

此處的「差」是「差距」的意思，即「差的絕對值」：the absolute value of the difference。

運用餘弦定理 (Law of Cosine) 可以從 SSS 決定一個角，所以就回到 SAS。因此 SSS 是一個全等條件。

所謂 ASA (Angle-Side-Angle) 是指兩角及其夾邊：two angles and the included side，而 AAS (Angle-Angle-Side) 是指兩角及某角的對邊，總而言之就是兩角一邊：two angles and a side，不妨記作 AA+S。因為兩角即決定一組彼此相似的三角形，所以決定了三邊的比（這也可以視為正弦定理的應用），固定其中任一邊長就確定了其他兩邊長，於是回到 SSS。可見 AA+S 是全等條件。

最後，所謂 RHS (Right Angle-Hypotenuse-Side) 是指直角三角形中的斜邊與一股，根據畢氏定理即知另一股長，這樣就又是 SSS。若給定直角三角形的兩股長，則是 SAS 條件，它也是一種全等條件。

https://shann.idv.tw/matheng/trig-construc.html

43 三角形內心 Incenter

三角形內角 (interior angles) 的角平分線 (angle bisector: a line that bisects an angle) 交於一點，此交點：

the intersection of the three internal angle bisectors

稱為三角形的內心 (incenter)，因為它是內切圓的圓心 (center of the inscribed circle or incircle)。類似地，內切圓半徑是 (inradius: radius of the inscribed circle)。但注意內切圓原本的定義是「三角形內最大的圓」：the largest circle contained in the triangle。

既然 SSS（或者說 side-side-side）是一個全等條件 (a congruence condition)，意思是：指定三個線段長可決定唯一的三角形（或者決定無此三角形）。所以，給定三邊長 a, b, c，也應該決定了三角形的面積。從三邊長計算三角形面積的公式，稱為海龍公式 (Heron formula)。

參照網頁圖示，令 a, b, c 依序是頂點 A, B, C 的對邊長：

Let a, b, c be the (lengths of) opposite sides of vertices A, B, C respectively.

前面說的 side 既是「邊」也是「邊長」，所以不必說 lengths of；而 vertices 是 vertex 的複數。數學習慣用大寫字母 (capitals) 標示頂點，用小寫字母 (lowercase letters) 標示邊。

使用前述符號，則

$$|\triangle ABC| = \frac{1}{2}ar + \frac{1}{2}br + \frac{1}{2}cr \text{, where } r \text{ is the inradius.}$$

其中 $|\triangle ABC|$ 就讀作 the area of triangle ABC。所以，如果令

$$s = \frac{a+b+c}{2}$$

也就是令 s 為三角形的半周長：half of the perimeter of the triangle，則 $|\triangle ABC| = sr$。海龍（Hero 或 Heron of Alexandria，大約西元 10 – 70 年）發現

$$s^2 r^2 = s(s-a)(s-b)(s-c)$$

注意 $s-a$, $s-b$, $s-c$ 分別是頂點 A, B, C 到 incircle 的切線段長 (tangent segments)。所以海龍發現了 SSS 形式的三角形面積公式：

$$\text{area} = \sqrt{s(s-a)(s-b)(s-c)}$$

當然，獲得面積之後，內切圓半徑就是：

$$\text{inradius} = \frac{|\triangle ABC|}{s}$$

在海龍之後，秦九韶（西元 1208–1261 年）也發現等價的公式，稱為三斜求積術。

https://shann.idv.tw/matheng/heron.html

44 三角形的測量 Sides and Angles

三角形面積是同底同高長方形面積的一半,所以基本公式是

$$\text{half of the base times height: } \frac{1}{2}bh$$

但是這條公式只有理論上的功能;實際計算時,它只能用在直角三角形上。

　　參閱網頁圖示,三角形可取任一邊當底,所謂高 (height) 是從對角到底的距離 (distance),而所謂距離是從點到底邊延伸直線 (extended base) 的垂直線段的長度:

> Length of the line segment through the opposite vertex
> and perpendicular to the extended base.

「高」可同時指那條垂直線段或者它的長度,而 height 的意思只是長度,用 altitude 指那條垂直線段;但是 altitude 也可以指 height。高與(延長)底的交點稱為高的垂足 (the foot of the altitude),從某頂點 B 作高是說 the altitude dropped from the vertex B,在某邊 b 上作高是說 the altitude drawn to the side b。

　　既然三角形的全等條件 (Triangle Congruence Conditions) 可以決定唯一的三角形,它們就應該能決定三角形的三邊長、三個角,與面積。各條件的作法簡述如下。

● RHS(已知直角三角形的斜邊與一股)

　　用畢氏定理求另一股,用基本公式算面積,反查正切表 (Tangent Table),亦即使用 arctan (arc-tangent) 得到兩個銳

角的角度。

● SAS（已知兩邊及其夾角）

這個條件就是面積的正弦公式：

$$|\triangle ABC| = \frac{1}{2} ab \sin C$$

用餘弦定理算出第三邊，用面積求另兩個角的正弦，再反查正弦表 (Sine Table)，亦即使用 arcsin (arc-sine) 得知角度。如果遇到鈍角，則取 arcsin 之補角。

● AA+S：ASA 或 AAS（已知兩角及任一邊）

用內角和定理得知第三角，用正弦定理得知另兩邊，用正弦公式算面積。

● SSS（已知三邊長）

用海龍公式算面積，從面積求各角的正弦，再用 arcsin 查角度。

　三角形的三個高交於一點，那一點稱為三角形的垂心 (orthocenter)，字首 ortho- 來自於 orthogonal 即垂直／正交之意。垂心的應用很少，它或許屬於數學的「人文」內容。

　另一類人文課題是三角形的旁心 (excentres)，共有三個，它們是三個旁切圓 (excircles / escribed circles) 的圓心。對應頂點 *A* 的旁心稱為 the excentre of *A*。

https://shann.idv.tw/matheng/trigarea.html

45 重心 Center of Mass

重心（center of mass）又譯作質心，是物理概念，意思是對物體的那一點施力只會造成線加速度而不會產生角加速度。數學課所說的重心，意思其實是形心（centroid）或幾何中心（geometric center）。真實的物體都是三維的（空間中的立體物），但是當它很薄，薄得厚度可以不計，或者它的厚薄變化可以用質量分布（mass distribution）來表現，也就是可以把厚度寫進雙變數密度函數裡（density function of two variables），那個物體就可以被視為二維的平面圖形。同理，當物體細到直徑可以不計，或者它的粗細變化可以用單變數密度函數來表現（density function of one variable），它就可以被視為一維的曲線。當密度函數是常數函數（constant function）時，重心就是形心。

直線段的形心就是它的中點（midpoint of a line segment），這是 trivial case（顯然且無聊的情況），無須討論。而一般曲線的形心需要微積分，在中學難以處理。所以中學通常只處理平面圖形的形心。

理論上，平面圖形皆有唯一的形心；當然這裡說的平面圖形是指平面區域（plane region 或者就說 region）：平面上由簡單封閉曲線圍成的區域。用均勻材質的薄板切割出來的任意平面圖形，都能以實驗方式找到它的重心。但是數學上，僅能處理特殊平面圖形的形心：

● 圓盤（disk）的形心就是圓心。

● 正多邊形的形心就是它的中心（center of a regular polygon），

也就是它的外接圓圓心。

● 三角形的形心：

  ○ 位在任兩條中線 (medians) 的交點；所謂「中線」是連接頂點與對邊中點的線段：

  > A median of a triangle is a line segment joining a vertex to the midpoint of the opposite side.

  ○ 位在任一條中線 2:1 處的內分點 (inner division point)：

  > The centroid divides the medians in the ratio 2:1.

  （靠頂點處為 2：with 2 on the vertex side）

  ○ 如果知道每個頂點的坐標，則形心坐標 $(\overline{x}, \overline{y})$，其中 $\overline{x}$ 讀作 x bar）就分別是所有頂點的 x 坐標、y 坐標的平均值。

如果知道線段兩端點的坐標，則分點公式 (section formula) 可得分點 (division point) 的坐標。外分點公式 (external section formula) 的道理跟內分點公式 (internal section formula) 其實是一樣的，它們也分別是內插 (interpolation) 和外插 (extrapolation) 的原理。

https://shann.idv.tw/matheng/centroid.html

46 平行 Parallelism

平行性 (parallelism) 雖然是刻畫歐氏幾何的關鍵特徵，但是證諸於後來的發展與應用，其實正交性 (orthogonality) 更為重要，反而平行可以視為垂直的推論與應用。正交 (orthogonal) 是垂直 (perpendicular) 的同義詞（皆為形容詞）。

平行線 (parallel lines) 的意思是同平面且永不相交的直線：

Lines lying in the same plane but never meeting in either direction.

所以空間中的平行線一定要共面且無交點 (coplanar straight lines that do not intersect at any point)。空間中不共面的直線當然也不相交（因為兩相交直線決定一平面），它們稱為歪斜線：

Two noncoplanar lines are called skew lines.

空間中直線關係的基本模型可參照立方體的稜，以網頁圖示中的直線 *AB* 為例：

● 與 *AB* 平行的直線有 *EF*、*HG*、*DC*。

● 與 *AB* 垂直的直線有 *AD*、*AE*、*BC*、*BF*。

● 與 *AB* 歪斜的直線有 *EH*、*FG*、*DH*、*CG*。

歐氏幾何的公設系統需要用設準 (postulate) 來保證可作線外一點的平行線：

To construct a line parallel to a given line through a given point.

但因為學校數學先認識了垂直，而且早就建立了三角形內角和定理，所以可以用兩條垂線作平行線，而（平面上）垂線的唯一性則在操作中默認。由此可以推論，平行線的特徵——也就是兩條直線彼此平行的充分必要條件 (necessary and sufficient condition)——是它們有公垂線 (common perpendicular)。

兩直線 *L* 與 *M* 平行的符號是 $L \| M$ 或 $L//M$。平行線之間的距離 (distance between two parallel lines) 即公垂線段的長度 (length of the perpendicular segment between them)，也就是任一條公垂線與兩條平行線之交點的距離：

> The distance between two points of intersection of the parallel lines and a common perpendicular.

公垂線是截線 (transversal) 的特例，截線是指兩條平行線以外的第三條直線，它與兩平行線各交於一點；當然，這三條直線在同一平面上：

> A transversal is a line that passes through two parallel lines at two points.

截線與兩條平行線形成 8 個角，組成 12 雙成對的角（對頂角不算）：

● 同側角 (consecutive angles)，分為同側內角 (consecutive interior angles)、同側外角 (consecutive exterior angles)。

〔請接第 97 頁〕

https://shann.idv.tw/matheng/parallel.html

47 平面的法線 Perpendicularity

空間的關鍵概念在於直線與平面的垂直性 (perpendicularity)。所謂「直線垂直於平面」(a line is perpendicular to a plane) 的定義 (definition) 是：直線與平面交於一點，稱為垂足 (foot)，且該直線與平面上通過垂足的所有直線皆垂直：

> A line that is perpendicular to every line in the plane that passes through its foot.

「垂直」是互相的，當直線垂直於平面，反過來也說平面垂直於直線：

> When a line is perpendicular to a plane, the plane is also said to be perpendicular to the line.

在此定義之下，給定一點與一平面，可作通過該點而垂直於平面的直線：

> Given a point and a plane, through the point pass a line perpendicular to the plane.

像這樣的直線是唯一的。

垂直於平面的直線又稱為平面的「法線」，英文的正式對譯為 normal line。但是，英文說 normal line 通常是指垂直於某條曲線之切線的直線，在空間幾何的語境中，英文通常還是說 the line perpendicular to a plane。

所謂「法線定理」(Line-Plane Perpendicularity Theorem) 是說，只要直線垂直於平面上通過垂足的任兩條（相異）直線，它

就垂直於整個平面：

> If a line is perpendicular to two different lines that lie in
> a plane and pass through its foot, then it's perpendicular
> to the plane.

用兩片三角板就能實驗法線定理的意義。

　　長方體是空間中直線與平面關係的最基本舞台。參照網頁上的長方體圖示，稜 HD 垂直於底面的兩個邊 CD 和 BD，所以（根據法線定理）稜 HD 垂直於底面，也就是直線 HD 是底面 $ABCD$ 的法線，垂足為點 D。那麼，根據垂直的定義，HD 垂直於底面上通過 D 點的任何直線；譬如三角形 ADH 是直角三角形。

　　換個角度來看，直線 AB 是右側面 $HDBF$ 的法線，三角形 BDH 是側面上的一個直角三角形，則將 BDH 的頂點 B 在法線上任意移動所得的三角形，皆為直角三角形；其中一個特例是三角形 ADH，所以 $\triangle ADH$ 直角三角形。這是所謂的「三垂線定理」(Theorem of Three Perpendiculars)：

> 如果平面上有一個直角 $\triangle ABC$，其中 $\angle C$ 是直角，讓頂點 A 沿著（以 A 為垂足的）法線移動到另一點 A'，則空間中的 $\triangle A'BC$ 還是一個直角三角形。

https://shann.idv.tw/matheng/plane.html

48 軌跡 Locus

所謂「軌跡」是英文 locus（複數 loci）的譯名。它是一個老派 (old fashioned) 的說法，數學課程已經不用這個字，現代的英文書也很少見到它，但是它還是經常出現在參考書和測驗卷上。

Locus 的意思幾乎就等於是「方程式圖形」，也就是符合某種條件或規則的點集合 (a set of points) 所形成的曲線或曲面。如果在坐標平面上討論符合某個等式的 locus，則 locus 就是「方程式圖形」的同義詞。但 locus 發生在還沒發明直角坐標的古代，所以它不限於坐標平面。例如「圓」是「一中同長」的點集合：

> A circle is the locus of all the points which are equidistant from the center.

可見 locus 並不需要坐標。

把 locus 說成「軌跡」是因為可以想像它是一個點的運動路徑 (the path traced out by a moving point)，但 locus 或 path 都是靜態的整體 (an entity)，並沒有運動的觀念，所以 locus 並不是動態地追蹤一個動點 (tracking a moving point) 的概念。

圓錐曲線 (conic sections) 都是軌跡：

> Conic sections are loci.

意思是說，圓錐曲線都是符合某種條件的點集合。例如 parabola 是平面上與一定點和一條直線等距的所有點的軌跡：

> A parabola is the locus of points equidistant from a fixed point and a line.

前面說的那個定點稱為 parabola 的 focus，那條直線稱為準線 (directrix)。注意 parabola 和 focus 本來都純粹是幾何名詞，它們後來才被發現有光學、運動學上的應用，而它們是在有了那些應用之後才傳入中國的，當時就按照它們在應用上的性質來翻譯，把 parabola 翻譯成拋物線，focus 翻譯成焦點。

當希臘文獻強調某個圖形是 locus 的時候，言下之意是它不能用古典的尺規作圖 (straightedge and compass construction) 畫出來。所以，雖然圓、線段的垂直平分線、角平分線都是符合某種規則的點集合，但通常並不稱它們為 loci，因為它們都可以尺規作圖。

https://shann.idv.tw/matheng/locus.html

〔續第 93 頁：46 平行〕

- 同位角 (corresponding angles)。

- 錯角 (alternate angles)，分為內錯角 (alternate interior angles)、外錯角 (alternate exterior angles)。

平行線的充要條件之一是同側內角互補，公垂線是這種情形的特例。

不相交的平面叫做平行面 (parallel planes)，空間中不相交的直線與平面也稱為平行；例如，參照網頁中的立方體視圖，頂面 (top) 的對角線 *HF* 平行於底面 (base) *ABCD*。

49 多面體 Polyhedron

自然界的形體當然多得數不清，人類創造的立體物 (solids) 則可以粗分兩大類：多面體（單數：polyhedron，複數：polyhedra）和旋轉體。形體都是有凸有凹的 (convex / concave)，沒有特別聲明時，多面體是指凸多面體 (convex polyhedron)。有規則的多面體，基本形式是錐體 (pyramids)、柱狀體 (prismoid)，以及推廣柱狀體的擬柱體 (prismatoid)。

錐體有一個特殊的頂點，稱為 apex，其他頂點都落在同一平面上，那張平面稱為底面 (base)，柱狀體則有互相平行的底面和頂面，所有頂點都落在這兩張平面上（而且都多於一點）。利用截角 (truncation)，可以從基本多面體創造新的多面體；截角的意思是切掉一個頂點而產生新的面：

Cut a vertex and create a new facet in place of the vertex.

例如角錐臺 (frustum / frusta) 是截掉角錐體的 apex 而得的多面體，它的頂面應該要平行於底面，如網頁上的圖示。

最常見的柱狀體，可能是由四邊形的面組成的六面體 (quadrilateral-faced hexahedron)。除了立方體 (cube) 和長方體 (cuboid) 以外，還有平行六面體 (parallelepiped)；其中六邊等長（也就是六個面皆為菱形）的平行六面體，稱為 rhombohedron（菱面體）。

三角柱（三稜鏡）是五面體 (pentahedron) 的基本形式，將它的長方形的面變形為梯形之後，通稱為楔形 (wedge)；也就是楔形有兩個三角形的面，三個梯形的面，參見網頁上的圖示。但

是在日常生活中，比較尖的三角柱也稱為楔形。

> Wedges are pentahedra with two triangular and three trapezoidal faces.

正多面體 (regular polyhedron) 的定義是所有面皆為彼此全等的正多邊形 (the faces are congruent regular polygons)，不像正多邊形可以有任意多邊，（凸）正多面體卻只有五種，它們又稱為柏拉圖多面體 (Platonic solids)：正四面體 (tetrahedron)、立方體、正八面體 (octahedron)、正十二面體 (dodecahedron)、正二十面體 (icosahedron)。

把正多面體的定義放寬一點：每個面皆為正多邊形，但不要求彼此全等，則稱為半正規多面體 (semiregular polyhedron)，這樣就會多一些種類，包括阿基米德多面體 (Archimedean solids)。例如網頁上第三幅圖是由截角立方體 (truncated cube) 得到的一種阿基米德多面體；它的每個面都是正三角形或正八邊形。

關於形體的計算，無非就是算體積 (volume) 與表面積 (surface area)；基本形體都已經有體積與表面積的公式 (formula，複數是 formulas 或 formulae)。錐體有明顯的底面，柱狀體則要約定底面；確定了柱狀體的底面之後，它的頂面 (top) 也跟著確定了。柱狀體要求頂面和底面互相平行，若不平行則是擬柱體；例如楔形一般而言是擬柱體。除了底和頂以外的所有面，都稱為側面 (lateral faces)。所謂側面積 (lateral area) 就是側面的面積，也就是扣除底面和頂面（如果有）的表面積。

https://shann.idv.tw/matheng/polyhedron.html

50 旋轉體 Revolution

自然界的形體當然多得數不清，人類創造的立體物 (solids) 則可以粗分兩大類：多面體和旋轉體 (solids of revolution)。形體都是有凹凸性 (convexity)，多面體通常默認為凸的，但旋轉體並不這樣默認。

生活中有許多器物是以旋轉的方式製造的，例如陶器是在歷史悠久的轆轤 (pottery wheel) 上塑造它的形狀，也就是拉胚 (wheel-throwing)，網頁提供一幅照片。工廠裡的車床 (lathe) 與銑床 (milling machine) 都是製造旋轉體的工具。

數學上，旋轉體是在平面上給定一個封閉圖形，又稱為封閉區域 (closed region)，與同平面上一條直線，原則上直線不穿越圖形（直線可以在圖形的邊界上），則圖形在空間中繞直線旋轉而成的立體稱為旋轉體。在此情境中，不計較旋轉超過一圈的重複部份。前述直線稱為旋轉軸 (axis of revolution)。網頁第二列顯示長方形旋轉成圓柱體 (cylinder)、直角三角形旋轉成圓錐體 (cone)、半圓盤 (semicircular disk) 旋轉成球 (ball) 的示意。

圓柱與圓錐除了底面／頂面以外的曲面，稱為側面；注意英文說多面體的側面是 lateral faces，圓柱與圓錐的側面是 lateral surface，但中文都說「側面」，所以要注意圓柱和圓錐的側面並非平面。旋轉體的側面積 (lateral area) 是指它的 lateral surface 的面積。圓柱和圓錐的側面都可以展開成平面圖形，圓柱側面的展開圖 (the net) 是長方形，圓錐側面的展開圖是扇形 (circular sector)。

　　旋轉成圓柱或圓錐的側面的那條線段稱為母線 (generatrix 或 generating line 意思就是「產生圓柱或圓錐的線」)，而它們底部的圓（周）稱為 directrix；其實 directrix 可以從圓推廣為任意封閉曲線，例如橢圓；當然，那樣製造出來的柱體和錐體就不是旋轉體了。注意，在圓錐曲線的語境中，directrix 翻譯為準線，但是在旋轉體的語境中，比較適合稱為導線：導引一條直線段形成柱體或錐體的封閉曲線。圓錐體的母線長，俗稱為斜高 (slant height)。

　　垂直於旋轉體之旋轉軸的剖面 (cross sections) 皆為圓盤 (disk) 或圓環 (annulus)，圓環俗稱 circular ring 或 washer。

　　類似於旋轉體，旋轉一段曲線可以在空間中形成旋轉曲面 (surface of revolution)。旋轉體的側面都可以視為旋轉曲面。

　　許多種旋轉體的體積與表面積、側面積都有公式。最精彩的是帕普斯形心定理 (Pappus centroid theorem)，它斷言：當旋轉軸不通過平面圖形內部時，旋轉體的體積是平面圖形的面積乘以它的形心旋轉之後的圓周長：

The volume of the solid obtained by revolving a plane region D about the axis L not intersecting D is the product of the area of D and the length of the circular path traversed by the centroid of D.

https://shann.idv.tw/matheng/revolution.html

51 圓錐曲線 Conics

圓錐曲線是 conic sections，簡稱 conics，直譯應該是圓錐截痕，稱它為「截痕」是因為：它是一個對頂錐 (double cone) 的側面 (lateral surface) 與一張平面的交集，在那張平面上造成的圖形。

對頂錐是這樣建立的：給定空間中夾一個銳角 α 的兩相交直線 L 和 G，稱其交點為 A。將直線 L 設定為鉛直軸 (vertical axis)，以 G 為母線 (generatrix) 繞 L 旋轉而成的曲面，就是對頂錐；前面說的點 A 就是此對頂錐的頂點 (apex)，而 2α 稱為它的頂角；直圓錐或對頂錐的頂角是 aperture，它也翻譯成「光圈」。

三大類圓錐曲線：hyperbola、parabola、ellipse 的希臘字根分別是 hyper：超過（盈）、para：恰好、不足（虧）的意思，它們是根據曲線上某個量相對於一個給定參考線段 (latus rectum) 的長度，是恰好還是盈虧而命名的；latus rectum 是「在旁邊直立」的意思，如今 rectum 是直腸的學名。將這三類平面曲線整合為圓錐截痕，並且用空間幾何的方法來研究它們，是古希臘的偉大「發明」，以阿波羅紐斯 (Apollonius of Perga) 為代表。

古希臘的盈虧意義，如今已經不方便說明，不妨改用圓錐與截平面的夾角來說明。設有一平面 E 與對稱軸 L 交於頂點外的一點，而 θ 是 L 和過那一點的法線所夾的銳角或零角，圓錐截痕 Γ 是平面 E 上的曲線。那麼，當 θ 恰好是 α 的餘角（記作 α'），Γ 就是 parabola（拋物線）；當 θ 不足 α'，也就是 $0° \leq \theta < \alpha'$，Γ 是 ellipse（橢圓，將圓視為橢圓的特例）；當 θ 超過 α'，也就是 $\alpha' < \theta < 90°$，Γ 是 hyperbola（雙曲線）。當平面 E 平行於對

稱軸 L，如果 E 不包含頂點 A，則 Γ 還是雙曲線，但如果 E 包含 A，則 Γ 是退化的 (degenerate) 雙曲線：兩條相交的直線 (two intersecting lines)。

「橢圓」的意思是壓扁或拉長的圓 (a squashed or stretched circle)，橢圓上任兩點決定的線段稱為弦 (chord)，通過中心點 (center of the ellipse) 的弦都稱為直徑 (diameter)，其中兩條直徑也是橢圓的對稱軸 (lines of symmetry)，較長那一條稱為長軸 (major axis)，較短的稱為短軸 (minor axis)。若將半長軸、半短軸 (semi-major axis, semi-minor axis) 分別記作 a 和 b，則橢圓面積公式很簡單：πab，但橢圓的周長公式就難了。

橢圓上長度為 latus rectum 且垂直於長軸的弦，有兩條，克卜勒 (Kepler) 將它們與長軸的兩個交點命名為 foci（focus 的複數）。Focus 是拉丁文「火爐」的意思，取名的原因可能是克卜勒發現行星軌道是橢圓，而太陽位於其中一個 focus。於是清朝的數學家把 focus 譯作焦點，而 latus rectum 譯作正焦弦。

有了直角坐標之後，數學家發現圓錐曲線涵蓋所有二元二次方程式 (bivariate quadratic equation) 的圖形，通稱為二次曲線 (quadratic curves)。其中 parabola 是二次函數圖形，而它是拋射物 (projectile) 的運動軌跡，所以 parabola 譯作拋物線。Hyperbola 譯作雙曲線是因為它有兩支 (two branches)，反比函數 (reciprocal function) 的圖形是一種雙曲線。

圓錐曲線都有焦點－準線作圖法 (focus-directrix construction)，但它們都是在阿波羅紐斯之後才發現的，而且它們都不符合尺規作圖的規範。

https://shann.idv.tw/matheng/conics.html

52 離散數學 Discrete Math

排列和組合的英文分別是 permutation and combination，在專業數學中，關於排列組合的這一門學問稱為組合學 (combinatorics)，而組合學又是數學另一個大領域——離散數學 (discrete mathematics)——當中的一個主題。組合的形容詞是 combinatorial，例如組合學又稱為組合數學：combinatorial mathematics。

　　數學可以分成幾個主要領域或分支 (areas or branches)，在中學階段學過的內容，大多屬於數論 (number theory)、幾何 (geometry)、代數 (algebra)、分析 (analysis) 和機率統計 (probability and statistics) 的初步內容，其中分析又稱為數學分析 (mathematical analysis)。中學階段的幾何主要有歐氏幾何 (Euclidean geometry) 和坐標幾何 (coordinate geometry) 兩大支，歐氏幾何又可以分成平面幾何 (plane geometry) 與空間幾何 (solid geometry)。

　　邏輯 (logic) 本來被認為屬於哲學 (philosophy)，但在二十世紀，邏輯與集合論 (set theory) 逐漸一起被視為數學的一個領域；在數學中的邏輯，又特別稱為數理邏輯 (mathematical logic)。中學數學雖然涉及邏輯與集合，但是並沒有獨立的章節，所以這本書把它們放在離散數學。

　　雖然數學有上述分支，但是它們互相纏繞，並不能清楚切分，所以它們都是數學。而且，一份好的數學研究，甚至一道好的數學考題，通常總要橫跨兩個或更多領域。

　　高中數學所謂的排列組合可以說是計數組合學 (enumerative combinatorics)，意思是原則上並不窮舉所有的情況 (exhaustive listing)，而是利用計數原理 (counting principles) 而算出所有排列、組合或分割 (partitions) 的數量。

　　基本計數原理 (fundamental counting principles) 包括加法原理 (rule of sum)、乘法原理 (rule of product)、排容原理（又譯為取捨原理）：inclusion-exclusion principle。所謂的鴿籠原理 (pigeonhole principle) 通常只能用來證明存在性，並不能計算數量。雙射原理 (bijective proof) 可以用來證明兩個集合的數量相等，所以也算是一種計數原理。

https://shann.idv.tw/matheng/discmath.html

〔續第 111 頁：55 集合關係〕

The interval from negative infinity to zero (exclusive) is defined to be the set of real numbers x such that x is less than zero.

〔續第 115 頁：57 組合〕

組合數 C_r^n 讀作 r-combination out of n，或者就說 C n r。或許因為有些語言先說 r 再說 n，例如 r out of n，所以有些文本的組合數記號是 C_n^r，要注意看清楚定義。「n 中選 r 的組合數」也常寫成 $\binom{n}{r}$，讀作 n choose r。此外，組合數也可能記作 $C(n,r)$ 或 $C_{n,r}$ 或 $_nC_r$。

53 集合 Set

藉計算機科學（computer science）的資料結構（data structure）觀念來說，集合（set）是一組不重複而且可任意排序的物件（non-repeated / unique objects in any order），「可任意排序」的另一個說法是「無關乎順序」：

The order of *elements* in a set doesn't matter.

前面說的 element 是指集合內的物件，稱為「元素」。

電腦裡最常見的集合是資料夾：folders or directories（又稱為檔案夾）。Folder 就像集合，它裡面的檔案（files）就像元素，folder 裡面不准有同名的檔案，也就是不得重複；檔案可以按照名稱、時間，或大小排序（sorted by name, by time, or by size），意思是順序並不重要。特別要注意的是，有些元素本身可能是集合，也就是集合之內還可以有集合，就像資料夾裡面可以有普通文件檔案，也可以有其他的資料夾。

數學用一對大括號（braces）表示集合，例如 $\{a,b,c\}$ 有 3 個元素：The set of a, b, c has three elements，而 $\{a,b,\{c\}\}$ 也有 3 個元素：a、b、$\{c\}$ (the set of c)。認識任何數學物件的第一步就是要明白它們什麼時候「相等」(the equivalence condition)；例如分數（fractions）的相等就是小學生的一大課題。兩個集合的「相等」就是它們擁有完全相同的元素。例如 $\{c\}$ 是一個集合，它僅有一個元素 c，但 c 本身是未定義的物件，它不一定是集合，即使是也不知道裡面有哪些元素，所以 $\{c\}\neq c$。既然如此，我們就知道

$$\{a,b,c\} \neq \{a,b,\{c\}\}$$

因為這兩個集合內的元素並不全然相同。但是，集合內重複的元素被視為同一個，而且無關乎順序，所以

$$\{a,b,b,c\} = \{a,b,c\} = \{b,c,a\}$$

等號 (equal sign) 也用來命名 (designation) 或定義。有些文件會用「 $:=$ 」(colon-equal sign) 表示命名或定義，但大多數還是直接用「 $=$ 」；而 $:=$ 應該讀作「定義為」(is defined to be)。例如令／設 (let) $A = \{a,b,c\}$ 意思並不是集合 A 等於 $\{a,b,c\}$，而是將 $\{a,b,c\}$ 命名為 A，或者將 A 定義為 $\{a,b,c\}$。同理 $B := \{a,b,\{c\}\}$ 意思是 B is defined to be $\{a,b,\{c\}\}$。這兩個集合不相等，可以簡記成 $A \neq B$ (A is not equal to B)。

我們可以用列舉元素 (enumerate the elements) 的方式來設定集合，例如 $\{a,b,c\}$ 或者 $\{0,1,2,\cdots,99\}$ 都是集合的列舉式定義 (sets defined by enumeration)。只要能有效溝通，也可以用列舉方式定義無窮多元素的集合，例如

$$\mathbb{N} := \{1,2,3,\cdots\}$$

就是定義 $\mathbb{N}$ 為自然數集合。其實，直接說「令 $\mathbb{N}$ 表示自然數」：

Let $\mathbb{N}$ be the set of natural numbers.

就可以了。

https://shann.idv.tw/matheng/set.html

54 集合建構 Set Builder

怎樣描述一個集合有哪些元素呢？除了列舉式定義 (definition by enumeration)。我們也可以用「集合定義符號」(set-builder notation) 來描述集合的內容，稱為性質式定義 (definition by properties)。例如

$$\{x \text{ 為實數} \mid 0 < x < 1\}$$

讀作「由 $0 < x < 1$ 的實數 x 所成的集合：The set of real numbers x such that $0 < x < 1$。所以前面所定義的集合就是從 0 到 1 的開區間 (open interval from 0 to 1)，也記作 (0,1)。

　　集合的性質式定義分成兩段，由一豎 (vertical bar |) 或冒號 (colon :) 隔開，這個分隔符號的意思是 such that。前段指明一個變數，例如 x，並且指明它的來源，也就是定義域 (domain)，例如「x 為實數」；而後段描述該變數的性質，例如 $0 < x < 1$。

　　定義域——也就是「元素的來源」——必須是一個已經成立的集合，常用的數的集合符號如下（數的集合又稱為數系，number system）：

- $\mathbb{N}$：自然數 (the set of Natural numbers)，正整數。
- $\mathbb{N}_0$：全數 (the set of whole numbers)，正整數或 0。
- $\mathbb{Z}$：整數，符號取自德文的「數」：Zahl。
- $\mathbb{Q}$：有理數，符號取自 Quotient：比值。
- $\mathbb{R}$：實數。有些文獻用 $\mathbb{R} \backslash \mathbb{Q}$ 表示無理數。
- $\mathbb{C}$：複數 (the set of Complex numbers)。

像 $\mathbb{N}$ 這種字型稱為黑板粗體 (blackboard-bold) 字型。

有了基本的集合符號之後，「x 為實數」這種話就可以改用符號「$x \in \mathbb{R}$」表達。符號 $\in$ 的名稱是「屬於」(belong-to)，但是 $x \in \mathbb{R}$ 應該要說「x 為實數」：x is a real number 或 x is real；同理，$n \in \mathbb{N}$ 應該說「n 為正整數」：n is a positive integer。

運用以上符號，如果要指定 0 與 1 之間的有理數所成的集合，可以說 The set of rational numbers x such that $0 \le x \le 1$：

$$\{x \in \mathbb{Q} \mid 0 \le x \le 1\}$$

如果要指定不超過 100 的 3 的正倍數所成的集合，可以說

$$\{n \in \mathbb{N} \mid n \le 100 \text{ 且 } n \text{ 為 3 的倍數}\}$$

The set of positive integers n such that $n \le 100$ and n is a multiple of 3.

通常，當我們沒有指定 x 的定義域時，就默認它是實數。也就是說：

$$\{x \mid \cdots\} \quad \text{和} \quad \{x \text{ 為實數} \mid \cdots\} \quad \text{和} \quad \{x \in \mathbb{R} \mid \cdots\}$$

都是同樣的意思。例如從 0 到 1 的閉區間就可以這樣定義：

$$[0,1] := \{x \mid 0 \le x \le 1\}$$

The closed interval from 0 to 1 is defined to be the set of x such that $0 \le x \le 1$.

數學之所以規定集合的性質式定義必須指明一個 domain，而且 domain 必須是一個已經成立的集合，是為了避免發生羅素悖論 (Russell's paradox)。

https://shann.idv.tw/matheng/setdef.html

55 集合關係 Set Relation

學習任何一種新的數學物件，首先該注意它們有哪些基本關係 (relations)。最基本的關係應該是「相等」(equivalence)，其次便可能是「相較」(comparison)。例如實數之間有相較關係：大於等於 $\geq$、小於等於 $\leq$。相對地，集合與集合之間也有類似的相較關係，稱為「容含關係」(containment)，有包含 (contains) 與包含於 (is contained in) 兩種符號，分別記作 $A \supseteq B$ 與 $B \subseteq A$，讀作「A 包含 B」與「B 包含於 A」；當然符號 A、B 都表示集合。習慣上，我們常用 $\subseteq$ 而少用 $\supseteq$。 $B \subseteq A$ 也說 A 是 B 的 superset（母集），而 B 是 A 的 subset（子集）。

類似於 $<$ 和 $\leq$ 的關係，$\subset$ 也是排除相等的嚴格包含於；$\subseteq$ 其實是包含於或等於 (is contained in or is equivalent to)，但是習慣上只說「包含於」，而且習慣上常用 $\subseteq$ 而少用 $\subset$。

空集合 (empty set) 記作希臘字母 ϕ 或列舉式 {}，它包含於任何集合：$\phi \subseteq A$ for any set A。

集合相較與實數相較不同的是：實數有三一律，集合沒有。任取兩個實數，如果不相等就必然有大於或小於的關係，這種情形稱為 totally ordered。但是一般而言，兩個集合不一定有容含關係，例如 $\{a,b,c\}$ 和 $\{a,b,\{c\}\}$ 既不相等也不互相包含。這種不一定可以比大小的情形，稱為 partially ordered。

集合與元素之間有「從屬關係」(membership)。當 c 是 A 的元素 (c is an element of A) 記作 $c \in A$，讀作「c 屬於 A」(c belongs to A 或者比較白話地說 c is in A)，而 $c \notin B$ 讀作「c 不屬於 B」(c does not belong to B 或者 c is not in B），或者直白地說 c 不是 B 的元素（c is not an element of B）。

區間（interval）是實數的特殊子集，例如半開（half-open）區間

$$(0,1] := \{x \in \mathbb{R} \mid 0 < x \le 1\}$$

像 $(0,1]$ 這樣的半開區間可以說 interval from 0 (exclusive) to 1 (inclusive)。述說區間的元素時，應該把它的範圍說出來，例如 $x \in (0,1]$ 應該要說「x 大於 0 小於或等於 1」。在區間 (a,b) 中，不管左右兩側是開還是閉（open or closed），都稱 a 為區間的下界（lower bound），b 為上界（upper bound）。即使下界大於上界 $a > b$ 也沒關係，如果這樣 (a,b) 就是 ϕ。

沒有上界的區間，用無限大符號 ∞（infinity）當作上界；因為 ∞ 只是一個佔位符號（place holder），並不是一個數，所以它只能是開放的（open）上界。例如 $[1,\infty)$ 是 interval from 1 (inclusive) to infinity，而 $x \in [1,\infty)$ 則應該說「x 大於或等於 1」：x is greater than or equal to 1。類似地，沒有下界的區間就用負無限大 $-\infty$（negative infinity）當作佔位符號，例如所有負數就是以下區間：

$$(-\infty,0) := \{x \mid x < 0\}$$

〔請接第 105 頁〕
https://shann.idv.tw/matheng/setrel.html

56 排列 Permutation

n 個相異物 (n different objects) 有 $n!$ 種排列方式，讀作 n 階乘 (n factorial)：

There are $n!$ permutations of n different objects.

一種排列方式，就稱為 a permutation。

從 n 個相異物中任取 r 個，有 P_r^n 種排列方式，這時候當然 r 不超過 n (r is at most n)，記作 $r \leq n$ 或 $r \not> n$。排列數 P_r^n 也常寫成 $P(n,r)$ 或 $P_{n,r}$ 或 $_nP_r$。

所謂 n 中取 k 的重複排列 (permutation with repetitions) 意思是從 n 個相異物中，可重複地 (repetition is allowed) 選 k 個出來，排成 k 項的序列

$$\langle a_1, a_2, \cdots, a_k \rangle$$

因為每一項 a_i 都有 n 種可能的選擇，共有 k 次彼此獨立的選擇，運用乘法原理得知：一共有 n^k 種不同的序列。這時候 n 和 k 沒有大小關係的限制；因為可以重複選取，所以 k 可能大於 n。典型的例子是：計算機的 1 byte 由 8 bits 組成：$b_0b_1b_2b_3b_4b_5b_6b_7$，每個 bit b_i 不是 0 就是 1；也就是每個 b_i 都是從集合 $\{0,1\}$ 中選出的元素，這是 2 中取 8 的重複排列，一共有 $2^8 = 256$ 種排列，也就是有 256 種 bytes。

所謂不盡相異物排列 (permutation of multi-sets) 是指 n 個物件可以分為 r 類，類與類之間不同，同類之中是不可分辨的全

等物件。如果各類有 $p_1, p_2, \cdots, p_r$ 個相同物，則這 n 個物件有

$$\frac{n!}{p_1! \, p_2! \cdots p_r!}$$

種排列方式。例如「舊時王謝堂前燕」這七個字有 $7! = 5040$ 種排列，但「尋尋覓覓聲聲慢」這七個字只有

$$\frac{7!}{2! \, 2! \, 2!} = \frac{5040}{8} = 630$$

種排列。

　　所謂 multiset 是容許重複元素的集合——a set with repeated elements。例如在「正常」的集合定義之下，

$$\{尋, 尋, 覓, 覓, 聲, 聲, 慢\}$$

只有 4 個元素，它等於 $\{尋, 覓, 聲, 慢\}$。但是在 multiset 的定義之下，它就有 7 個元素。高中數學沒有正式介紹 multiset，但是在排列組合之中夾帶了它。某些電腦程式語言 (programming language) 支援 multiset，這是程式設計的一種資料結構 (data structure)。

https://shann.idv.tw/matheng/permu.html

57 組合 Combination

所謂組合（combination）就是忽略順序的序列：

A combination is a sequence such that the order does not matter.

例如

入海流、流入海、海流入、入流海、流海入、海入流

全都是「入」、「海」、「流」這三個字的同樣組合：它們有 6 種排列（6 permutations），但只有一種組合（1 combination）。

組合學（combinatorics）的研究問題之一，就是「共有幾種不同的組合」？用集合（set）語言來說，所謂組合就是一個集合。例如以下六個集合，

{入, 海, 流}、{流, 入, 海}、{海, 流, 入}
{入, 流, 海}、{流, 海, 入}、{海, 入, 流}

全都彼此相等，所以它們其實是一個集合。在此觀點下，「n 中取 r 的組合」：

A combination of selecting r items from a collection of n objects.

就相當於：從 n 個元素的集合中，選 r 個元素形成一個子集合 (subset)。要問有幾個這樣的組合？就相當於問有幾個這樣的子集合？例如從「入海流」選 2 個字，共有三種組合：

入海、入流、海流

就相當於 {入, 海, 流} 有三個 2 元素的子集合：

$$\{入, 海\}、\{入, 流\}、\{海, 流\}$$

在技術上 (technically)，「組合」就是只有兩類物件的不盡相異物排列：一開始的對象是 n 個相異物件——也就是有 n 個元素的集合——然後忽視物件的所有屬性，只管它有沒有被「選」？也就是說，所有「中選」(selected) 的物件歸為一類，它們全被當作同樣的物件；沒被選到的就都歸為另一類（「落選」類），它們也全被當作同樣的物件。假如 n 個物件當中，有 r 個「中選」，自然有 $n-r$ 個「落選」，當然 r 不超過 n，則有

$$\frac{n!}{r!(n-r)!}$$

種排列方式。換句話說，從 n 個物件中任選 r 個，共有這麼多種不同的組合。

這個數很常用，所以給它取了名字：組合數 (combinatorial number)，意思是「n 中選 r 的組合個數」：

The number of combinations of r objects out of n.

或者

The number of r-combinations selected from n objects.

記作 C_r^n，定義為

$$C_r^n := \frac{n!}{r!(n-r)!} = \frac{n \cdot (n-1) \cdots (n-r+1)}{r \cdot (r-1) \cdots 1}$$

〔請接第 105 頁〕

https://shann.idv.tw/matheng/combi.html

58 重複組合 Repetitions

所謂 n 中取 k 的重複組合：combination with repetitions 或 combination where repetition is allowed，意思是從 n 個相異物中 (distinct objects)，可重複地選 k 個出來，形成 k 個元素的 multiset

$$\{a_1, a_2, \cdots, a_k\}$$

這時候 n 和 k 沒有大小關係的限制；因為可以重複選取，所以 k 可能大於 n (k may be greater than n)。所謂 multiset 是容許重複元素的集合：

A multiset is a set that allows repeated elements.

重複組合的一個典型例子是：從四種口味的太陽餅當中，任選六個組成一個小禮盒，價格都一樣。此時 $n=4$，$k=6$。假設四種口味是 {原味, 蜂蜜, 咖啡, 黑糖}，則小禮盒的內容就是一種 multiset；例如

{原味, 原味, 原味, 原味, 原味, 原味}
{原味, 原味, 原味, 蜂蜜, 蜂蜜, 蜂蜜}
{原味, 原味, 原味, 蜂蜜, 咖啡, 黑糖}

都是可行的禮盒，而且它們都「不同」。只要各口味的太陽餅數量不同，就是一種「不同」的禮盒，四種口味數量的總和是 6。

一般而言，n 中取 k 的 multiset 之中，令各種相異物件分別出現 p_1、p_2、$\cdots$、p_n 次（可能是 0 次），它們滿足

$$p_1 + p_2 + \cdots + p_n = k$$

由此可見，「n 中取 k 的重複組合」數量就是

$$p_1 + p_2 + \cdots + p_n = k \quad \text{非負整數解的組數}$$

例如太陽餅小禮盒各口味的個數滿足 $p_1 + p_2 + p_3 + p_4 = 6$，而前面舉例的三種小禮盒，分別對應 (corresponding to) (6,0,0,0)、(3,3,0,0)、(3,1,1,1) 這三組解 (3 solutions)。

　　非負整數解的計量 (counting whole number solutions) 問題，有一種標準的「珠與隔板」模型 (model of beads and bars)。但是有另一種想法，也很有啟發性 (inspiration)，如下。

　　非負整數解的問題可以轉換成正整數解 (positive integer solution)。令 $q_1 = p_1 + 1$、$q_2 = p_2 + 1$、$\cdots$、$q_n = p_n + 1$，則

$$p_1 + p_2 + \cdots + p_n = k \quad \text{等價於} \quad q_1 + q_2 + \cdots + q_n = n + k$$

一組非負整數解 $(p_1, p_2, \ldots, p_n)$ 等價於 (is equivalent to) 一組正整數解 $(q_1, q_2, \ldots, q_n)$。

　　正整數解的組數 (number of positive integer solutions) 就容易想像了：想像 $n+k$ 顆珠子排成一列，當中有 $n+k-1$ 個間隔，任選 $n-1$ 個出來，就把那 $n+k$ 顆珠子隔成 n 段，每段至少有 1 顆珠子；每段的珠子數量 q_1、q_2、$\cdots$、q_n 就是 $q_1 + q_2 + \cdots + q_n = n + k$ 的一組正整數解。所以它有 $\dbinom{n+k-1}{n-1}$ 組正整數解，也就是說 $p_1 + p_2 + \cdots + p_n = k$ 有 $\dbinom{n+k-1}{n-1}$ 組非負整數解。

〔請接第 121 頁〕

https://shann.idv.tw/matheng/repeatcombi.html

59 組合的延伸 Binomial

二項式定理

形如 $(x+y)^n$ 的二元 n 次多項式就是一個二項式 (a binomial)；Binomial 是名詞也是形容詞，例如展開的二項式稱為二項展開：binomial expansion，機率中的二項分佈：binomial distribution，都是當形容詞用。只要是「兩項」(two terms) 的多項式——當然是指同類項合併 (combining like terms) 之後——都稱為 binomials，例如 $x^2 - y^2$ 也是 a binomial；但是中文很少這樣寫。

　　展開 (to expand) 二項式 $(x+y)^n$ 的意思就是讓 n 個 $x+y$ 相乘，把每一項整理成 $x^k y^{n-k}$ 的形式，這時候 k 不超過 n。把同類項 (like terms 或 similar terms) 相加，合併成一項 $px^k y^{n-k}$，這一項的係數 p 就是相乘之後，產生多少個 $x^k y^{n-k}$ 的數量。

　　n 個 $x+y$ 相乘，會產生多少個 $x^k y^{n-k}$ 呢？每個 $x+y$ 不是選 x 就是選 y，這是只分成兩類——x 類和 y 類——的不盡相異物排列，而 $x^k y^{n-k}$ 當中選了 k 個 x，所以共有 $C(n,k)$ 種組合，於是得到結論：

　　在 $(x+y)^n$ 的 expansion 當中，$x^k y^{n-k}$ 的係數是 $\binom{n}{k}$。

這個簡單的結論有重要的歷史意義，因此有個名字：二項式定理 (binomial theorem)。它就是說

$$(x+y)^n = \binom{n}{0}x^n + \binom{n}{1}x^{n-1}y + \binom{n}{2}x^{n-2}y^2 + \cdots + \binom{n}{n-1}xy^{n-1} + \binom{n}{n}y^n$$

也可以寫成

$$(x+y)^n = \sum_{k=0}^{n}\binom{n}{k}x^k y^{n-k}$$

因為前述原因，組合數 (combinatorial numbers) 也稱為二項式係數 (binomial coefficients)。

分組分堆

分組分堆的組合問題 (combination into bins) 其實就是分成三類或更多類的不盡相異物排列，也可以視為組合觀念的推廣：將 n 個相異物貼上第 1 組、第 2 組、第 3 組、……、第 r 組的標籤；貼上標籤之後，就不再理會物件的任何特徵或屬性 (attribute)，同樣標籤的物件都視為相同物。如果各類有 $p_1, p_2, \cdots, p_r$ 個相同物，則這 n 個物件有

$$\frac{n!}{p_1!\, p_2! \cdots p_r!}$$

種排列，也就是有這麼多種分組的方式。

　　額外要考慮的是：是否需要區分「組」的不同？典型的例子是將 9 名同學平分為三組（每組 3 人），假如這三組將要每週一組依序上台報告，則「組」應該有分別，那麼分組的情況就是不盡相異物排列；也就是共有

$$\frac{9!}{3!\,3!\,3!} = 1680$$

種分組的結果。

〔請接第 121 頁〕

https://shann.idv.tw/matheng/morecombi.html

60 集合運算 Set Operation

學習任何一種新的數學物件，首先要看物件之間有哪些關係 (relation)，接著就要看物件之間有哪些互動 (interaction)，而互動的方式通常就是運算 (operation)。例如實數有「取負數」(negation) 這種單元運算 (unary operation)，以及加、減、乘、除、次方這些二元運算 (binary operations)。集合也有單元與二元運算。

餘集 (complement) 是集合的單元運算。令 S 是某集合，在假設某個宇集或母集 (universal set) 的前提下，S^c 或 S' 是不在 S 裡（但是在宇集裡）的元素所成的集合，稱為 the complement of S。

集合 S 的元素個數 (cardinality) 記作 $|S|$ 或 $n(S)$ 或 $\#(S)$，讀作 the cardinality of S 或者白話地說 the number of elements of S。其中 $|\cdot|$ 跟絕對值符號一樣，而井字號 $\#$ 稱為 pound 或 hash。注意 $|\cdot|$ 並不是集合運算，因為它的結果是整數而不是集合。

常見的二元運算如下；令 A、B 為二集合。

- 交集 (intersection)：$A \cap B$，其中 $\cap$ 符號稱為 cap。
- 聯集 (union)：$A \cup B$，其中 $\cup$ 符號稱為 cup。
- 差集 (relative complement)：$A \setminus B$ 或 $A - B$，the relative complement of B in A，其中反斜線 $\setminus$ 符號稱為 backslash。如果宇集是 U，則前面說的餘集就是 $S^c := U \setminus S$。
- 直積 (Cartesian product)：
$$A \times B := \{(a,b) \mid a \in A \text{ and } b \in B\}$$

其中 (a,b) 是有序對 (ordered pair)，符號 × 唸 cross。

● Symmetric difference：記作 $A \triangle B$ 或 $A \ominus B$，意思是在 $A \cup B$ 但不在 $A \cap B$ 裡的元素所成的集合，elements that belong to A or B but not to both，亦即

$$(A \cup B) \backslash (A \cap B)$$

符號 $\triangle$ 唸 delta，符號 $\ominus$ 唸 oh-minus。

https://shann.idv.tw/matheng/setop.html

〔續第 117 頁：58 重複組合〕

再換句話說：

$$n \text{ 中取 } k \text{ 有 } \binom{n+k-1}{n-1} \text{ 種重複組合。}$$

例如，可能有 $\binom{9}{3} = 84$ 種不同內容的太陽餅小禮盒。

〔續第 119 頁：59 組合的延伸〕

但是如果這三組將在同一堂課裡討論同一個議題，而且不必考慮同學才能的特殊性，則「組」就沒有分別。這時候「組」的各種排列全都視為相同，所以要再除以「組」的排列數，也就是共有

$$\frac{9!}{3!\,3!\,3!} \div (3!) = 1680 \div 6 = 280$$

種分組的結果。

61 命題 Statement

「命題」的普遍英譯應該是 proposition，但是數學領域已經用這個字表示「較為次要的定理」(a theorem of lesser importance)，所以在數學領域比較常用 statement 表示命題；而 statement 在別處則通常譯作「敍述」。

總之，數學命題 (mathematical proposition) 就是一個用數學知識可以判定真偽 (true or false) 的陳述句 (declarative sentence)。例如「$1+1=2$」是數學命題，而且它是一個真命題 (a true statement)，或者說等號成立 (the equation holds)。可是含有數學式並不一定就是數學命題，例如「$x^2+1=2$」就不是命題；$x^2+1=2$ 是一條含未知數的等式 (equation with unknowns)，它就只是數學語言中的一個單詞，就像「快樂」、「明天」、「我」似的，就只是單詞，並不構成句子，也就談不上命題。

「求解 $x^2+1=2$」固然是個句子，它顯然是一道題目，我們常在考卷上看到這種句型，但它是祈使句 (imperative sentence) 而不是陳述句，所以它不是命題；可見考題不見得是命題。

陳述句的意思是說它宣告一個事實、提供一個解釋，或者傳遞一則資訊，例如

「$\sqrt{2}$ 是 $x^2+1=2$ 的解」或者「$x^2+1=2$ 有解」

都是陳述句；而且這兩句陳述可以用數學知識判定對錯，所以它們是數學命題。

並不是只要涉及數學的陳述都是數學命題。譬如「數學是美

的」：Mathematics is beautiful 這個陳述並不是數學命題；因為它無法用數學知識判定真偽。換個角度來看，它甚至不是命題；因為它可以被詮釋為「意見」(opinion) 的陳述，既不是「事實」(fact) 也不是「資訊」(information) 的陳述。因為「意見」無所謂真偽，它根本不能判定真偽，所以它不是命題。

判定數學命題為真的程序，通稱為數學證明 (mathematical proof) 或者就說「證明」（動詞：prove，名詞：proof）。經過證明的數學命題，如果很重要，就稱為定理 (theorem)，譬如畢氏定理就是一個赫赫有名的定理。

數學證明要求嚴謹的邏輯推理 (rigorous logical reasoning)。中學生常作的計算，其實也是邏輯推理的一種形式，只是沒那麼一般性而已。有些人講邏輯就會舉出「三段論法」(syllogism)，其實「三段論」是數學課的日常。譬如畢氏定理可以當作三段論的大前提 (major premise)，已知一個直角三角形的兩股長為 3、4 是小前提 (minor premise)，而結論 (conclusion) 就是那個三角形的斜邊長為 5。因為在數學論述 (mathematical arguments) 中，處處使用三段論，所以數學反而不太強調這種論述形式。

以三段論的觀點來看，簡單的數學命題都可以採用公設、定義、定理當作大前提，搭配數學知識以獲得結論。例如前面舉例的兩個數學命題，都是簡單的數學命題，只要將「解」的定義 (the definition of solutions) 當作大前提，就能直接了當地 (straight-forward) 判斷那兩個命題的真偽。

https://shann.idv.tw/matheng/proposition.html

62 條件命題 Conditional

數學的簡單命題有時僅關注一個特例 (a particular case)，例如「$x^2=10$ 有解」，但也可能涵蓋無窮多種情況或無窮多物件，例如「質數有無窮多個」：

There are infinitely many prime numbers.

「質數無窮」命題是反證法 (proof by contradiction) 的經典範例。先假設只有有限多個質數，也就是可以列舉全部的質數，然後推論出矛盾的 (contradictory) 結果：至少有一個不在這些「全部」質數之中的質數。所以推翻了前述假設，也就是質數不是有限多個，在修辭上「不是有限多」(not finitely many) 就說是「無窮多」(infinitely many)。

具有一般性 (generality) 的數學命題，經常是條件命題 (conditional statement)，例如「若 $a \geq 0$ 則 $x^2=a$ 有解」。這種一般性命題通常也都涵蓋無窮多種特例 (infinitely many cases)。

數學裡的條件命題俗稱為「若 P 則 Q」(if P then Q) 或者「P 惟若 Q」(P only if Q)，記作 $P \Rightarrow Q$，雙槓右箭頭 $\Rightarrow$ 是 implication symbol，讀作 P implies Q。其中 P 稱為此條件命題的假設 (hypothesis)，而 Q 稱為此命題的結論 (conclusion)。另外，P 稱為 Q 的充分條件 (sufficient condition)，反過來 Q 稱為 P 的必要條件 (necessary condition)，或者說

P is sufficient for Q, and Q is necessary for P.

在程式語言裡，conditional statements 是指 if-then-else 這種條

件語句。

條件命題 $P \Rightarrow Q$ 意在強調 P 的充分性 (sufficiency)。若要強調 Q 的必要性 (necessity)，可以把它寫在前面：$Q \Leftarrow P$，讀作 Q if P 或者 Q is implied by P。

如果 P 和 Q 互為充分且必要條件，簡稱充要條件，注意英文則習慣把必要說在前面：a necessary and sufficient condition，則記作 $P \Leftrightarrow Q$ 讀作「P 若且惟若 Q」(P if and only if Q) 或者「P 等價於 Q」(P is equivalent to Q)。

數學的定義習慣在形式上使用「若 P 則 Q」的條件語句，但它其實是「等價」的意義。例如「解」的定義是：

若某數 a 能使 $f(a)=0$ 則稱 a 是方程 $f(x)=0$ 的解。

If $f(a)=0$ then a is said to be a solution of the equation $f(x)=0$.

在形式上，看起來是

$$f(a)=0 \Rightarrow a \text{ is a solution}$$

但其實它是

$$f(a)=0 \Leftrightarrow a \text{ is a solution}$$

的意思。

儘管數學敍述少不了符號，但是為了溝通的有效性，數學文本要謀求符號和文字的輔成；太多符號或太多文字都可能阻礙溝通。「若且惟若」在中國大陸稱為「當且僅當」。

https://shann.idv.tw/matheng/conditional.html

63 逆否命題 Contrapositive

有些命題在修辭上看似簡單，其實卻是條件命題，讀者需要有轉換的能力。例如「菱形的對角線互相垂直」意思如下；先假定一個大前提：令 T 是個四邊形。

若 T 是菱形，則 T 的對角線互相垂直

[T is a rhombus] $\Rightarrow$ [diagonals of T are perpendicular]

命題中的 T 可能是無窮多種四邊形之中的任何一個，所以它具有一般性 (generality)，涵蓋無窮多種特例 (infinitely many particular cases)。

如果要證明一般性的數學命題為真／成立 (is true / holds)，不能只舉一個例子，舉三個例子也不行，一定要保證無窮多種特例都成立才行。數學證明 (proof) 就有這樣的本領。數學論述為了維持一般性，必須使用很多符號 (symbols)，並且使用符號做邏輯推理 (symbolic inference)，因此而顯得抽象 (abstract)。

前面那個菱形命題的假設 (hypothesis) 是

$$P : T \text{ is a rhombus}$$

而結論 (conclusion) 是

$$Q : \text{diagonals of } T \text{ are perpendicular}$$

條件命題 $Q \Rightarrow P$ 稱為 $P \Rightarrow Q$ 的逆命題 (converse statement)。命題 $P \Rightarrow Q$ 的真偽並不影響逆命題 $Q \Rightarrow P$ 的真偽，一般而言 (generally)：

$$(P \Rightarrow Q) \not\equiv (Q \Rightarrow P)$$

126

$(P \Rightarrow Q)$ is not equivalent to $(Q \Rightarrow P)$

前面菱形命題的逆命題是「對角線垂直的四邊形為菱形」，這是錯的。

若要否證 (disprove) 具有一般性的數學命題，例如「對角線垂直的四邊形為菱形」，只要舉一個反例 (one counterexample) 就行了。所謂反例就是符合 $Q \Rightarrow P$ 的假設 Q〔對角線垂直〕但是違背結論 P〔菱形〕的一個特例。例如取 T 為任一個對角線不互相平分的箏形就可作為反例 (serves as a counterexample)。

命題 $P \Rightarrow R$ 和它的 converse $R \Rightarrow P$ 也可能同時成立，那就是等價的狀況了：$P \Leftrightarrow R$，例如

T 是菱形若且惟若 T 的對角線互相垂直平分

[T is a rhombus] $\Leftrightarrow$ [diagonals of T are perpendicular and bisect each other]

命題 $P \Rightarrow Q$ 也跟它的否命題 (inverse statement) $\neg P \Rightarrow \neg Q$ 無關。其中 $\neg$ 是否定 (negation) 符號，$\neg P$ 讀作「非 P」(not P)，此時 $\neg P$ 意思是「T 不是菱形」，而 $\neg Q$ 意思是「T 的對角線不垂直」。那麼 $\neg P \Rightarrow \neg Q$ 也是錯的，同樣可以用箏形當作反例：箏形不是菱形（符合 $\neg P$），但它的對角線互相垂直（違背 $\neg Q$）。

至於 $P \Rightarrow Q$ 和它的對偶命題 (contrapositive，又譯作逆否命題) $\neg Q \Rightarrow \neg P$ 就真的等價了：

〔請接第 133 頁〕

https://shann.idv.tw/matheng/contrapositive.html

64 描述統計 Description

統計 (statistics) 的字根是 state：國家或政府，而統計原本的意思就是用來「描述一個國家」的數據 (description of a state)。所以描述性統計 (descriptive statistics)，又譯敘述性統計，簡稱描述統計或敘述統計，就是統計的基本內容。它用少數幾個數來描述一組資料 (a data set，但此 set 並非「集合」之意) 的特徵，這些數通稱為統計量，英文也是 statistics，或者說 statistical parameters。做統計的人稱為 statistician（統計師或統計學家）。

描述統計的主要任務就是描述資料的分布 (data distribution)，而描述的辦法，主要就是用描述統計量 (英文還是 descriptive statistics) 以及統計圖和統計表。

描述統計量有兩大類型，一種量度資料的集中趨勢 (central tendency)，因此就稱為集中量數 (measures of central tendency)；另一種量度資料的分散程度 (variability 或 spread)，因此稱為分散量數 (measures of spread/variability)。要注意，我們通常翻譯成「平均」的 average，有時候用來泛指集中量數；所以有時候「平均數」(measures of average) 的意思是一般性的集中量數，而不是算術平均。

最基本的集中量數（或「平均數」）是三個 M：Mean, Median 和 Mode。它們是量化資料 (quantitative data) 或數值資料 (numerical data) 的統計量；對於非數值的資料，也就是質性資料 (qualitative data) 或名目／類別資料 (nominal data)，就不用集中量數來描述它們。

Mean

算術平均數，因此又特別說是 arithmetic mean，習慣記作小寫希臘字母 μ（讀作 mu）。假如將資料寫成數列 $\langle x_i \rangle$，也習慣將它們的 mean 記作 $\bar{x}$，讀作 x bar。

Median

中位數。連續型資料 (continuous data) 有唯一的中位數，但離散型資料 (discrete data) 卻可能有很多符合定義卻彼此不相等的中位數。中學數學只討論離散型資料，所以必須接受中位數的含糊性 (ambiguity)。數學老師應適度調整，不要過度追求「唯一標準答案」。

Mode

眾數。雖然英文看不出 mode 是一個「數」，但中文翻譯是恰當的：它必須是一個數。Mode 最初由英國統計學家 Karl Pearson 在 1895 年發表的論文中定義，指的是一組數值資料 (a set of numerical data) 當中，發生最多次的那個數。

一組資料的眾數未必唯一，有兩個眾數的「雙峰」資料稱為 bimodal，有三個或更多眾數的「多峰」資料稱為 multimodal。但是，有太多眾數的資料，根本就不應該用眾數來描述它的集中趨勢。只有無聊的數學老師才會問學生 $\langle 1,2,3,\cdots,100 \rangle$ 的眾數是什麼？統計學家不會討論這種問題。

https://shann.idv.tw/matheng/stats.html

65 資料分布 Distribution

描述統計的一大任務是描述資料的分布 (data distribution)。一組資料通常是從每個調查對象取得一個屬性 (attribute) 的資料（例如學生的視力），統計術語稱之為單變量資料 (univariate data)。所謂分布是指一個變量／一組資料所有可能的值 (value)——又稱為項目 (item)——的發生次數。

列出每個資料值的發生次數，當然是一個分布的描述，但也可以用比較少的統計量來描述分布。針對數值資料，可以用四分位數 (quartiles) 描述資料的分布。Quartiles 是將資料從小到大排序之後 (sorted in ascending order)，可以將資料分隔四等分的三個數，從小到大依序為第一、第二、第三四分位數。第二四分位數就是中位數，而第一四分位數 (the first quartile) 又稱 lower quartile，習慣記作 Q_1；第三四分位數 (the third quartile) 又稱為 upper quartile，習慣記作 Q_3。

推廣四分位數，可計算一組資料的百分位數 (percentiles)。只有當資料量夠大而且資料的不同數值夠多（至少要超過一百種不同的資料數值），才值得計算百分位數；以「學測」為例，雖然資料量還算大（考生數量超過十萬），但資料的數值卻很少（只有 15 級分），所以不適合用百分位數描述學測成績的分布。Quartile 和 percentile 都是 quantile 的特例，中學階段沒有 quantile。

集中量數和分散量數都是描述資料分布的統計量。常用的分散量數有以下三種，它們全都只適用於數值資料。

Range

直譯是「範圍」，在函數脈絡中譯為「值域」，此處的意義相近，但譯作「全距」。意思是資料的最大值 (maximum) 與最小值 (minimum) 之差，也就是全部資料的範圍。

Interquartile Range: IQR

第一與第三四分位數之差（$Q_3 - Q_1$），就是 IQR：四分位距。也就是靠中間那一半資料的範圍。離散型資料的 Q_1 和 Q_3 有若干種符合定義的算法，可能算出略為不同的 Q_1 和 Q_3，導致算出來的 IQR 可能略有差異，必須接受一點點含糊性。

Standard Deviation

標準差，通常縮寫為 stdev 或 SD，習慣記作小寫希臘字母 σ。標準差是變異數 (variance) 的平方根。標準差的單位與資料的單位相同，但變異數的單位是資料單位的平方。在描述統計脈絡中，所謂標準差是「母體標準差」(population standard deviation)，也就是假設所用的資料就是全部資料，它的分母是 n：資料筆數。

想要知道一筆資料在整體資料分布中的相對位置，可以將它換算成 Z 分數 (z-score 或 Z-score)，又稱為標準分數 (standard score)。相對於標準分數，原本的數值資料稱為原始分數 (raw score)。

https://shann.idv.tw/matheng/distri.html

66 資料蒐集 Data Collection

資料的英文 data 是複數名詞，它的單數是 datum，很少用。臺灣的數學課程經常跳過資料的蒐集 (collecting data / data collection)，直接假設已經有資料，然後學習資料的呈現與統計。

經由第一手的觀察 (observation)、調查 (survey)、測量 (measurement) 或實驗 (experiment) 獲得的資料，就稱為一手資料 (primary data)。調查常用訪談 (interview) 和問卷 (questionnaire)。未經整理的資料稱為原始資料 (raw data)，而整理資料的最基本動作，當屬計次 (count) 和排序 (sort)。我們用「正」字符號幫助計次，這種特殊方法叫做 tally count，「正」字符號稱為 tally mark；西方的 tally mark 如右圖。

使用紙筆整理數值資料的一個好工具是莖葉圖：stem and leaf plot/diagram，可惜很少臺灣的老師教到它。其實莖葉圖比較像是整理數值資料的「表」而不是「圖」，網頁上有一幅莖葉圖例子。

甚至還有一種「背靠背」的莖葉圖 (back-to-back stem and leaf plot) 可以用來整理兩組資料 (two data sets)。莖葉圖可以幫助我們將原始資料排序或整理出次數表 (frequency table)；注意 frequency 通常是頻率的意思，但是在統計脈絡中是次數的意思，所以又譯作「頻次」。

用電腦記錄某個軟體所經歷的事件，也是常見的蒐集資料的方法。這種記錄叫做 log；注意這個 log 就不再是「對數」的意思了。自動留下記錄的程序稱為 logging，記錄檔稱為 log file。

https://shann.idv.tw/matheng/data.html

〔續第 127 頁：63 逆否命題〕

$(P \Rightarrow Q) \equiv (\neg Q \Rightarrow \neg P)$

A conditional and its contrapositive are both true or both false.

在前面的例子裡，contrapositive $(\neg Q \Rightarrow \neg P)$ 的意思是

若 T 的對角線不互相垂直，則 T 不是菱形。

這是對的。

　　邏輯可以應用到自然語言 (natural language，例如中文或英文)，但是邏輯的學習最好藉由數學命題，而不宜使用人造的、做作的例句 (contrived example)，就像「如果下雨我就帶傘」：

If it rains, I will bring an umbrella.

因為自然語言太複雜而且生活情境太多例外了。

67 樣本與母體 Population

有一種特殊的調查，是針對全國人口 (population) 中的每一個人蒐集資料，稱為人口普查 (census)；但大部分的調查都是抽樣調查 (sample survey)。抽樣這個動作是 sampling，抽出的個體稱為樣本 (sample)，理論上想要調查的全體稱為母體 (population)。

為了避免調查的偏差 (bias)，也就是希望盡量獲得不偏的 (unbiased) 調查資料，必須謹慎地抽樣。方便取樣 (convenience sampling) 是最容易做的，但也最容易偏差。站在街角隨便找人訪談或填問卷，其實是方便取樣而不是隨機抽樣 (random sampling)；隨機抽樣是一種系統抽樣 (systematic sampling)，必須按照某種規則從母體中選取樣本。隨機抽樣經常根據亂數表 (random number table) 或亂數產生器 (random number generator) 決定樣本，而這些亂數其實是按照某種數學規則產生的，所以在哲理上未必真的「隨機」(random)，因此又稱為虛擬亂數 (pseudorandom numbers)。

隨機抽樣也經常先將母體分層 (strata) 或分群 (clusters) 然後才抽樣，分別稱為分層抽樣 (stratified sampling) 和群集抽樣 (cluster sampling)。「層」和「群」是由語言的意義分辨的，因此要容許一點含糊性；例如將一所高中的學生按年級分類，就是分層，按班級分類，就是分群。

在描述性統計之外，有推論性統計 (inferential statistics)，簡稱推論統計。所謂推論統計，就是從樣本推論母體：Make inferences about populations based on samples。在推論統計脈絡中，所謂標準差是「樣本標準差」(sample standard deviation)，也就是假設所用的資料是抽出一部份樣本的資料，它的分母是 $n-1$，其中 n 表示樣本的數量；樣本標準差的目的，是從樣本估計母體的標準差。

另外也要小心別把標準差跟標準誤 (standard error) 混淆了。標準誤是一個推論統計量，習慣簡記為 SE，它估計樣本統計量（例如樣本的 mean）跟母體的同一個統計量（例如母體的 mean）的誤差；後者（母體統計量）當然是未知的。

中學階段的統計內容，基本上都是描述統計，很少涉及推論統計。中學生也該練習抽樣，但是獲得資料之後，把樣本當作母體來描述即可。中學生應該知道從樣本獲得的統計量，只能當作母體統計量的估計，但並不使用推論統計來評估其誤差 (error) 或信心水準 (confidence level)。

https://shann.idv.tw/matheng/sample.html

68 統計表 Statistical Table

資料的呈現 (representing data / data representation) 無非就是表 (table) 和圖兩大類；在數學課程裡，常稱呈現資料的表格為「統計表」。

表格當然都是二維的 (two-dimensional)，橫向稱為列 (row)，直向稱為行 (column)。3 行、4 列的表格是 a table with 3 columns and 4 rows。每張表格應該有一個標題：table title 或 caption，表中的一格稱為 a cell，而每一列或每一行的最前面那一格（列的最左邊，行的最上邊）可能是表頭 (table heading)，其內容 (table headers) 呈現那一列或那一行資料的意義。

統計表的設計可謂一門藝術，根據資料特性與使用目的，有很大的創新 (innovation) 空間。數學課只提供最刻板的兩大類統計表：次數表 (frequency table) 和列聯表。

次數表通常呈現一組資料的分布 (distribution)，而次數又有兩種表達方式：實際紀錄的非負整數，又稱為絕對次數 (absolute frequency)，或者絕對次數佔總資料量的比例，通常用百分比表示，稱為相對次數 (relative frequency)。

如果蒐集的是可以排序的有序資料 (ordinal data，包括數值資料)，則可以依序累計發生的次數，用這種方式來呈現分布狀態的表格，稱為累積次數表 (cumulative frequency table)。累積次數也有絕對、相對兩種表達方式。為了跟累積次數表有所分隔，次數表也稱為次數分布表 (frequency distribution table)。

如果蒐集的是數值資料，則可以將資料分組 (data binning 或

136

data bucketing)，形成分組資料 (grouped data) 再計算各組的次數分布 (grouped frequency distribution)。分組資料的各部位名稱如下。

- 分組後的一段稱為 a class，俗稱 a bin 或 a bucket；如果是離散的數值資料，也就是整數資料，可以用例如 0－4、5－9 來分段；如果是連續的數值資料，也就是實數資料（包括有理數資料），則用半開區間表達，例如 [0,5)、[5,10)。每一段的數值範圍稱為組區間 (class intervals)。組區間應該接續、無交集，且涵蓋全部的資料範圍 (consecutive, non-overlapping and cover the full range)。

- 組區間的上限 (upper class limit) 及下限 (lower class limit) 合稱為組限 (class limits)。

- 前後兩個組區間的組限平均值，稱為組界 (class boundary)。精確地說，某個組區間的上限，以及後一個組區間的下限，所得的平均值是前一個組區間的上界 (upper class boundary)，同時也是後一個組區間的下界 (lower class boundary)。

- 組上界與組下界 (upper and lower class boundaries) 之差稱為組距 (class width 或 class length 或 class size)。應該盡量使每個 class 的組距皆相等，但這並非必須。

- 組區間的上下限中點，或者上下界中點，都可以作為組中點 (class midpoint 或 mid-interval value)。

〔請接第 141 頁〕

https://shann.idv.tw/matheng/table.html

69 長條圖 Bar Chart

資料的呈現無非就是表和圖兩大類，圖的說法較多：chart 或 diagram 或 plot，籠統地說，都是 graphical presentation of data；在數學課程裡，常稱呈現資料的圖為「統計圖」。

　　統計圖的基本用途就是呈現資料的各項目出現次數或相對次數，長條圖 (bar chart) 和圓形圖 (pie chart) 是最基本的形式。圓形圖原則上適合呈現離散型資料 (discrete data) 相對次數，每個扇形 (sector) 代表一種資料的類目 (type)，而扇形的圓心角 (central angle) 與該類目的相對次數成比例 (in proportion)。計算圓心角時，難免需要四捨五入到整數角度 (round the angles to the nearest degree)，而且要保證總和是 360 度，所以在技術上可以對較小的圓心角做四捨五入，由最大角補滿 360。圖的名稱／標題是 title，標示各扇形區域代表類目的文字是 labels。

　　長條圖畫在直角坐標上，可作為直角坐標的前置經驗。長條圖的縱軸 (vertical axis) 通常表示次數或相對次數，所以是數線，但長條圖的橫軸 (horizontal axis) 未必是數值，它可能是名目／類別資料 (nominal data) 的類型 (categories) 或類目，例如月份、城市、性別。所謂 bar 本來是指橫條 (horizontal bars)，但現在直條 (vertical bars) 與橫條都算是「長條」。

　　標示橫軸、縱軸之意義的文字，稱為 axis labels；又分為橫軸標籤和縱軸標籤：x-label and y-label。在軸線上標示位置的短線稱為 tick 或 tick mark。如果軸線是數線，則 tick 的名稱／標籤 (tick names or tick labels) 就是數字，但是對於非數值的名目

資料 (nominal data)，則 tick labels 就是資料類型的文字。在離散型資料的長條圖上，不同類目之間應該有間隔 (has gaps)。

當橫軸或縱軸是數線時，有時出現鋸齒狀／波浪狀 (zig-zag / ripple) 符號，表示省略了部份數線。

可以設計複合式長條圖 (compound bar chart) 來同時呈現兩組離散資料的次數分布。複合的方式，基本上有左右並列、上下堆疊兩種，前者稱為分組長條圖 (grouped bar chart)，後者就稱為堆疊長條圖 (stacked bar chart)。在複合式長條圖裡，使用不同的顏色或樣式 (pattern) 來分辨不同類目的長條，說明各種樣式代表什麼類目的文字，稱為圖例 (legend)。

長條圖不只能呈現資料的次數分布，長條圖的數線軸可以從代表次數、相對次數的數，換成任何有意義的數值，例如年收入、氣溫等。網頁顯示分組長條圖（直條圖，縱軸是數線）和堆疊長條圖（橫條圖，橫軸是數線）各一個例子。

其實統計圖表可謂一門藝術，特別是搭配圖標 (pictogram or icon) 的圖案設計時，有很大的創新 (innovation) 空間；數學課只提供最刻板的幾種統計圖表。網頁呈現生活中常看到的幾種 pictograms；在電腦螢幕上呈現的 pictogram 通常稱為 icon。

https://shann.idv.tw/matheng/chart.html

70 直方圖 Histogram

長條圖 (bar chart) 也可以用來呈現連續型資料 (continuous data)。連續型資料的值就是某個範圍／區間內的實數，只能針對分組資料 (grouped data) 統計各組的次數分布 (grouped frequency distribution)。連續型資料的次數分布長條圖（以直條為例），縱軸是次數或相對次數，橫軸是分組資料的各組區間，各長條的左右邊界就畫在組界上，所以長條與長條之間沒有間隔 (has no gaps)，如網頁上的圖。

　　數學教材經常把「無間隔的長條圖」(a bar chart without gaps between bars) 稱為「直方圖」(histogram)，一般人也的確常這樣說。或者，有人乾脆規定長條圖僅處理離散型資料，這樣倒也乾脆。但是，畢竟直方圖原本的專業定義就是讓縱軸表示次數密度 (frequency density)，意思是以各長條（長方形）的面積作為次數；前面說的次數都可以改為相對次數。這樣的語用混淆，導致直方圖有兩種款式：一種以高度為次數，另一種以面積為次數。以面積為次數的直方圖，可以作為黎曼和 (Riemann sum) 的前置經驗，以面積為相對次數的直方圖，可以作為機率密度函數 (probability density function, pdf) 的前置經驗，這兩項特色，都支持數學課程應該採用「面積作為次數」當作直方圖的定義，而將「高度作為次數」視為無間隔的長條圖。

　　以面積表示次數的直方圖，可容許不等的組距，就像黎曼和可容許不均勻的分割。網頁呈現一幅非等組距直方圖 (histogram with unequal class widths)，同時畫出次數折線圖：英文是

frequency polygon，所以也譯作次數多邊形。對於離散型資料，或分組的連續型資料，都可以畫次數折線圖。折線圖 (line graph) 是呈現「分布」的另一個好辦法。

連續型資料的累積次數圖 (cumulative frequency diagram) 是一條連續而不遞減的曲線，稱為累積次數曲線 (cumulative frequency curve)。離散的有序資料則用折線圖表現累積次數，英文是 cumulative frequency polygon，所以也譯作累積次數多邊形。在累積次數圖上，可以精確定義四分位數 (quartiles) 和百分位數 (percentiles)，但是對於離散型資料而言，先作折線圖再計算各分位數不見得方便，所以產生了許多種不同的計算各分位數規則，它們全都符合「分位數」的意義，而且它們算出來的「中位數」都一致。

所謂五數概括法 (five-number summary) 是用最小值、三個四分位數、最大值這五個數，概括描述一組數據的分布情形。將這五個數圖像化的統計圖就是盒狀圖 (box plot)，又稱為盒鬚圖 (box-and-whisker diagram)。在同一個參考坐標上並列不同組資料的盒狀圖，特別有助於做比較，如網頁上的例圖。

https://shann.idv.tw/matheng/histogram.html

〔續第 137 頁：68 統計表〕

從分組的資料分布計算描述統計量（集中量數、分散量數），是中學統計的主要程序性學習內容。分組後的一個 class 也會被稱為「一組資料」，這時要小心，它跟最初說的「一組資料」(a data set) 意義不同。

71 雙變量分析 Bivariate

如果從每個樣本取得兩個屬性的資料（例如學生的視力和身高），就有兩組資料，統計術語稱這樣的資料為雙變量 (bivariate)。雙變量分析 (bivariate analysis) 是對這兩組資料之交互關係的描述性統計。如果對兩組資料分別做統計，例如分別計算其次數分布，那是做兩次單變量分析 (univariate analysis)；只有企圖探索兩組資料之間的關係時，才會稱為雙變量分析。

更多的屬性將產生更多組資料，稱為多變量 (multivariate)。探討不同變量之間交互關係的描述性統計，稱為多變量分析 (multivariate analysis)。多變量分析需要高維度的幾何或線性代數 (linear algebra)，不在中學數學範圍內。

列聯表 (contingency table) 又稱為雙向表 (two-way table)，它是雙變量分析的常用統計表，用來交叉呈現兩個變量的資料次數分布。列聯表的行、列各代表一個變量，而行、列的表頭呈現每個變量的各種值 (values)：包括數值、類型 (categories) 或分成組區間的 classes。除了表頭以外的每一格，表示兩變量的值同時出現的次數或相對次數，而且各列與各行的和是有意義的小計 (subtotals)。列聯表的右下角通常會呈現總計 (total)，它是樣本的總數。

散布圖 (scatter plot) 是雙變量分析的常用統計圖。散布圖是將同一個樣本的兩筆資料（兩個變量的值）當作坐標平面上的一個點，所以當然只適用於數值資料。橫軸、縱軸分別代表一個變量的數據，變量的名稱通常註記在軸標籤 (axis labels) 上。

　　相關性 (correlation) 是中學階段雙變量分析的主要內容。如果將兩個變量／兩組資料分別記作數列 $\langle x_i \rangle$ 和 $\langle y_i \rangle$（可以將它們視為向量），則習慣上會稱兩個變量為 X 和 Y，也會把它們的數值分別放在 x 軸和 y 軸上。從它們的散布圖或許看得出相關性，也就是資料點 (x_i, y_i) 似乎散布在一條曲線的附近。猜測曲線的類型之後（例如二次函數），用最小平方法 (method of least squares) 可以決定在那個類型裡的最適曲線 (the curve of best fit)。但是中學階段只討論直線相關性 (linearly related)，也就是最適曲線的類型是直線，那條最適直線 (the line of best fit) 稱為迴歸直線 (regression line)，迴歸直線的斜截式（一次函數形式 $y = mx + k$）稱為迴歸方程式 (regression equation)，在統計領域的習慣形式是 $Y = a + bX$。

　　使用相關性時，須謹記一句格言：相關不表示因果 (correlation does not imply causation)。使用相關係數 (correlation coefficient) 討論相關性時更要小心：我們所謂的相關係數是皮爾森相關係數 (Pearson's correlation coefficient)，僅當 X 和 Y 有直線相關性時才有意義。變量 X 和 Y 之相關係數慣用符號有：r 或 $r_{X,Y}$ 或 $\rho_{X,Y}$ 或 $\mathrm{corr}(X, Y)$。相關係數的正負號表示 X 和 Y 是正相關 (positive/direct correlation) 或負相關 (negative/inverse correlation，或 anti-correlation)，而相關係數的絕對值相當於資料點相對於迴歸直線的分散量數。

〔請接第 145 頁〕

https://shann.idv.tw/matheng/bivariate.html

72 可能性 Odds

英文說「可能」的形容詞 probable 和副詞 probably 雖然有不確定 (uncertain) 的成分——這種情況稱為不確定性 (uncertainty)——但言下之意都是趨向可能發生的。例如熱力學的「最可能速率」是 the most probable speed，而如果媽媽說 It will probably rain this afternoon 她是傾向於相信下午會下雨的。中性的「可能」或「不確定」是說 probabilistic，例如投資證券的獲利 (profit) 是 probabilistic，而不能「保證獲利」(guaranteed profit)。

Probability 作為 probable 的名詞，本來是「可能性」的意思。將可能性量化之後的數，也稱為 probability，也就是我們說的機率、概率、或然率。既然原來 probable 就傾向於可能發生，所以 probability 是評估「可能發生」的數：數值越大表示越可能。而依循百分比 (percentage) 的語言習慣，機率介於 0% 和 100% 之間，或者說它是 0 與 1 之間的實數。

其他關於可能性的常用英文字還有 chance（機會）、likely to（例如 likely to happen、likely to be true）或 likelihood（可望的程度），以及 odds（勝算）。Odds 常寫成整數比，例如擲一顆公平骰子（roll/throw a fair die）獲得 6 點 (rolling a 6) 的 odds 是 1:5 (one to five)；dice 是複數的 die。又例如擲一枚（公平的）硬幣 (toss/flip a coin)，獲得正面 (head) 或反面 (tail) 的 odds 是 1:1 (one to one)。在博弈（gambling 或 betting）情境中，odds 又稱為賠率。

隨機試驗（random experiment）的結果 (outcome) 雖然是

不確定的，但是它只能發生於一個確定的樣本空間 (sample space) 裡。所謂「試驗」可以說 experiment 也可以說 trial，但是如果一個試驗重複很多次，則習慣將整個試驗稱為 experiment，那些個別的試驗稱為 trials。只有兩種結果的試驗稱為伯努利試驗，這時候就只習慣說 trial：Bernoulli trial。

https://shann.idv.tw/matheng/odds.html

〔續第 143 頁：71 雙變量分析〕

變量 X 和 Y 相關係數的絕對值介於 0 與 1 之間，越接近 1 表示資料點越集中在迴歸直線兩側，越接近 0 則表示越分散。換句話說，相關係數的絕對值靠近 1，表示迴歸方程式是變量 X 和 Y 之線型關係的有效模型，而越靠近 0 則表示迴歸方程式的預測效果越差。當 $r_{X,Y} \approx 0$ 時，只能說 X 和 Y 的直線相關性弱，英文說它們 uncorrelated 或 no correlation 也僅限於沒有線型關係，它們仍可能非線性相關 (non-linear correlation)。

73 機率 Probability

Probability 是一個數。它是為 likely to happen 的程度所賦予一個介於 0 與 1 之間的數值（inclusive，含）。我們將 probability 翻譯為「機率」，但也有人說「概率」。機率是數學理論而不是真實，也不是預言。例如說機率是 $\frac{1}{10}$ 或 0.1 或 10%，只是一個譬喻 (metaphor)，意思是說某事件 (event) 的 likelihood 或 odds 就好比「試 10 次可能會成功一次」(likely to happen once for 10 trials) 的那種可能的程度，並不是每 10 次就會發生一次的預言或規定。機率不能用來預言，但可以幫助理性判斷 (rational decision making)。

　　賦予機率數值的方法之一，是假設所有可能的 outcomes 都 equally likely to happen，或者 have equal chances of occurrence。具體來說，假如 sample space 之內有 n 個互斥而窮盡 (mutually exclusive and collectively exhaustive) 的 outcomes，每個 outcome 的學術名稱是 sample point，則賦予每個 sample point 同樣的機率 $\frac{1}{n}$。如此得到的機率（數值）稱為古典機率 (classical probability)。在許多國家，古典機率被稱為理論機率 (theoretical probability)。

　　除了理論機率以外，還有兩種獲得機率的方式 (approaches)。其中之一是所謂客觀機率 (objective probability)，它是把實際執行重複試驗所得的相對次數 (relative frequency) 指派為機率；客觀機率又稱為實驗機率、實徵機率或經驗機率 (experimental probability or empirical probability)。相對地，所謂主觀機率 (subjective probability) 就是相信每個結果都分配到某種發生的機率，這種分配稱為機率分布 (probability distribution)，而我們憑經驗或信念來決定那個分布。

三種獲得機率的方式各有實用的情境 (situation)，也都能代入機率論 (probability theory) 的各種規則——通稱為機率算則 (probability rules)——做數學計算 (mathematical calculation) 或統計推論 (statistical inference)。

第一本整理古典機率的理論與應用的書，出版於 1718 年，作者是法國人棣美弗（Abraham de Moivre, 1667 – 1754），但是他人在英國，用英文寫了《The Doctrine of Chances》：機會的學說。但是英文書名幾乎就是 The Probability Theory 的同義詞，所以也可以翻譯為《機率論》。

機率論的濫觴，是一名法國貴族在大約 1652 年向巴斯卡（Blaise Pascal, 1623–62）的提問。他文雅地說明一個「機會賽局」(game of chance)——其實就是賭博 (gambling)——的規則，提問是：如果賭博中斷，如何根據現狀「公平地」分配彩金 (prize) 或賭金 (stakes)？這個了不起的機率史上第一題甚至有它自己的名字：the Problem of Points。因為最終的目的是根據理論上的機率來分配彩金，所以它其實是期望值 (expectation or expected value) 問題。

https://shann.idv.tw/matheng/probab.html

74 事件 Event

隨機試驗 (random experiment) 的樣本空間 (sample space) 與事件 (events) 之間的關係，乃至於古典機率／理論機率 (classical/theoretical probability) 的定義，的確都適合使用集合語言，而樸素的 (naive) 集合觀念與符號，的確不算太複雜，但機率的教學不應該受限於集合符號。反而是：機率的教學可以作為學習集合符號的具體動機與範例。

在中學，樣本空間通常以 S 表示，但是在高等數學經常記作大寫希臘字母 Ω；事件的一般性記號通常是 E，但是視情況可以記作 A、B、C 或任何字串（例如用 Even 表示擲骰子獲得偶數點數）。當試驗的結果屬於想要探究的事件，說它是一個「想要的結果」(a favorable outcome)。

用集合觀念說，事件是樣本空間的子集合：

> An event of a random experiment is a subset of its sample space.

對於有限樣本空間 (finite sample space)，意思是只有有限多種 outcomes 的隨機試驗，它的所有子集合都是事件——包括空集合和整個樣本空間。但是對於無限樣本空間 S，例如 S 是閉區間 $[-1,1]$，或者 S 是 flip a coin infinitely many times 的樣本空間，則 S 的子集合未必是事件。

關於事件的一些類型如下。

● 單一事件：single event。

- 餘事件：complementary event；事件 A 的餘事件：the complement of the event A，記作 A^c 或 $\neg A$，意思是 A 中的結果都沒有發生：the outcomes of A are not happening。

- 獨立事件：independent events。(這是兩個事件之間的關係，所以一定用複數。)

- 相依事件，也就是非獨立事件：dependent events。

- 複合事件：compound event 或者 multiple event。

  - 臺灣習慣把這個主題當作交集和聯集的應用，但是西方教科書通常是用語言／文字描述。而且，當他們用「或」(or) 描述事件時，意思就是互斥的或 (exclusive-or)，例如「紅色或藍色」、「梅花或方塊」、「香草或草莓」，不會涉及「有交集」的情況。也就是說，用「或」連結在一起的事件，在初學時一定是互斥事件 (mutually exclusive events)。

  - 複合事件也包括我們通常用來探討相依或獨立的兩次／多次活動，例如擲骰子兩次，或者隨機抽出一球但不放回：

    A ball is taken at random and is not put back into the bag。

  當一組事件 E_1、E_2、$\cdots$、E_n

- 彼此互斥，或者說彼此無交集 (mutually disjoint)，

- 聯集是整個樣本空間 (have as union the entire sample space)，就說它們是樣本空間的一個分割 (a partition of the sample space)，或說它們是一組完整互斥事件 (a complete set of mutually exclusive events)。

https://shann.idv.tw/matheng/events.html

75 機率算則 Probability Rules

事件 E 發生的機率記作 $P(E)$，讀作 the probability of the event E 或者 P of E。不論用什麼方式獲得機率，它們都適用於機率算則 (probability rules)。這套算則所做的最基本規定是：機率必須介於 0 與 1 之間 (inclusive)：$0 \leq P(E) \leq 1$；不可能發生的事件，其機率為 0：

> The probability of an impossible event is zero.

絕對會發生的事件，其機率為 1：

> The probability of a certain event is one.

所以 $P(S)=1$，其中 S 代表整個樣本空間 (sample space)。因此就可以推論：

1. 任一事件 E 與其餘事件 (complement) E^c 的機率之和為 1，通常記作 $P(E^c)=1-P(E)$。
2. 推廣以上算則，當一組事件 E_1、E_2、…、E_n 是樣本空間的一個分割 (a partition of the sample space)，則它們的全機率／總機率 (total probability) 是 1：

$$P(E_1)+P(E_2)+\cdots+P(E_n)=1$$

用「或／or」連結在一起的事件，我們稱為「和事件」，英文似乎沒有特別的稱呼，就說它是一種複合事件 (compound event)。對於「A 或 B」這種事件的機率，記作 $P(A \text{ or } B)$，英文倒是有個名稱：機率加法律 (addition rule 或 or-rule of probabilities)：

● 如果那個「或／or」其實是互斥的或 (exclusive or)，這也是

150

西方教材在初學機率的第一年或前兩年都採用的情境，則

$$P(A \text{ or } B) = P(A) + P(B)$$

● 一般而言，

$$P(A \text{ or } B) = P(A) + P(B) - P(A \text{ and } B)$$

臺灣習慣直接用聯集（∪）和交集（∩）符號取代文字 or 和 and，這樣容易使得機率的教學受制於集合觀念；對於機率的教育目標而言，這是沒有必要的。

用「且／and」連結在一起的事件，我們稱為「積事件」。英文沒有「積事件」的對應專用術語，只有「機率乘法律」(multiplication rule 或 and-rule of probabilities)：

● 如果那個「且／and」是指彼此獨立的兩事件 (independent events) 都發生，這也是西方教材在初學機率的第一年或前兩年都採用的情境，則

$$P(A \text{ and } B) = P(A) \times P(B)$$

西方教材憑經驗判斷事件的互斥、獨立，用語言描述事件之間的互斥、獨立關係，並當作引用機率算則的先驗假設 (a priori hypothesis)；我國教材反而用機率運算來驗證事件的互斥、獨立，但是到了應用的時候，卻又不事先驗證而當作先驗假設。這樣的概念差異，使得我國的機率教學比較像純數學，而學生在應用機率算則時，也可能比較缺乏穩固的概念。

https://shann.idv.tw/matheng/p-rules.html

76 機率樹 Probability Tree

當事件 A 和 B 彼此獨立時，它們的積事件——A and B——發生的機率可以用特殊的機率乘法律來計算，也就是

$$P(A \text{ and } B) = P(A) \times P(B)$$

但這條公式只是特例。

　　機率乘法律的一般情況需要另一種機率概念：條件機率 (conditional probability)，記作 $P(A|B)$，意思是在已知 B 發生的條件下，A 的機率：

The probability of A under the condition that event B has occurred.

可以簡單讀作 the probability of A given B，或者更簡化為 P of A given B。事件 A 與 B 彼此獨立就相當於 $P(A|B) = P(A)$，或者 $P(B|A) = P(B)$，這兩條等式是等價的：它們要嘛同時成立，要嘛同時不成立。所以

● 機率乘法律的一般情況就是

$$P(A \text{ and } B) = P(A|B) \times P(B)$$

　　在西方的教學脈絡中（香港、新加坡也是），條件機率 $P(A|B)$ 是在情境中算出來的（例如取出不放回的情境），用它來計算 $P(A \text{ and } B)$。我國的教學脈絡，習慣用集合關係先計算 $P(A \cap B)$，然後用它來定義 $P(A|B)$。在邏輯上，兩種脈絡殊途同歸，但是在學習經驗上，西方的脈絡比較能彰顯學習機率的有用之處。

　　機率樹狀圖 (probability tree diagram) 特別適合用來協助

處理機率的加法律與乘法律。機率樹狀圖的節點 (node) 表示事件，而樹枝 (branch) 記錄它發生的機率，參閱網頁上的圖示，直行的事件是互斥的「或」，橫向沿著樹枝的事件是「且」，所以直行的機率可以相加，而沿著樹枝的機率要相乘。至於橫向事件是獨立還是相依，例如 A 和 C 是獨立還是相依，並不重要，反正一般而言那條樹枝上面就記錄 $P(C|A)$。如果 A 和 C 彼此獨立，自然就 $P(C|A) = P(C)$；而不論如何，事件「A and C」的機率就是沿著樹枝把機率乘起來：

$$P(A \text{ and } C) = P(A) \cdot P(C|A)$$

https://shann.idv.tw/matheng/p-tree.html

〔續第 155 頁：77 貝斯定理〕

在缺乏大量觀察或者無法重複試驗的不確定情況 (uncertainty) 下，例如金融市場的波動或剛開始發生大規模傳染病的時候，大概只有貝氏機率派得上用場。在 1950 年代以前，貝氏機率被稱為「反機率」(inverse probability)。因為它是從 $P(B|A)$ 計算 $P(A|B)$ 的技術。臺灣的數學課程，從 108 課綱才開始引進貝氏機率之概念。

77 貝斯定理 Bayes' Theorem

貝斯定理常被寫成貝氏定理，它是指 Thomas Bayes (1701 – 61) 的一條公式，英文寫作 Bayes' theorem 或 Bayes' rule，可以視為一條進階的機率算則。這個定理源自他身後 (posthumous) 發表的一篇論文（由他的朋友整理之後代為發表）。

貝斯 (Bayes) 本身就是姓氏，並不是 Bay 的複數或所有格。Bayes 的形容詞是 Bayesian，意思是「貝斯風格的」、「貝斯主張的」或「貝斯類型的」，但貝斯定理應該寫 Bayes 的所有格 Bayes'，意思就是「貝斯的」；造成所有格的那個撇號，當作數學符號時稱為 prime，當作英文符號時稱為 apostrophe。把 Bayes 翻譯成「貝氏」不太恰當，我們通常把很多音節的洋人姓氏簡稱為某氏，例如畢達哥拉斯 (Pythagoras) 簡稱畢氏，歐幾里得簡稱歐氏，但貝斯只有兩個字，何必改稱貝氏？本文倒是贊成把 Bayesian 翻譯成貝氏。另外，不論 Bayes 還是 Bayesian，都有人翻譯成貝葉斯，但英語的發音並沒有「葉」的音節。

貝斯定理的基本形式非常簡單，就是以下公式：

$$P(A|B) = \frac{P(B|A)P(A)}{P(B)}$$

公式的證明也很容易，只不過是條件機率的定義的簡單變化而已。這個定理的真正偉大之處，是公式背後關於「機率是什麼」的哲學思維。這個哲學如今稱為 Bayesian probability，譯作貝氏機率──它不是另一種機率的數學理論，而是「機率有什麼意義」的一種詮釋；根據這種對於機率的詮釋所做的推論統計，稱為

Bayesian inference，譯作貝氏推論。

貝氏機率認為機率是個人對於可能性之量化表述 (quantification of a personal belief)，有些人說它是期望的功效 (expected utility)，但是這個說法仍然沒有可靠的數學定義，所以大致而言貝氏機率被認為是主觀的，又稱為主觀機率 (subjective probability)。對於「機率是什麼」持此信念的人，稱為貝氏主義者 (Bayesian)。

相對於貝氏機率的另一種「機率是什麼」的哲學觀點，稱為頻率機率 (frequentist probability)，持此信念的人，就稱為頻率主義者 (frequentist)。這一派認為機率是重複試驗之發生比率的極限：

The limit of an event's relative frequency in many trials.

因為執行試驗並記錄結果是客觀的，所以頻率機率被稱為客觀機率 (objective probability)。

至於古典機率／理論機率 (theoretical probability) 並不必然引用貝氏或頻率的機率觀。假如機率的使用者事先 (a priori) 假設某試驗發生任何一項結果的可能性相等，那人就相當於採用了主觀機率；如果執行試驗非常多次而在可靠的誤差範圍內，確認每一項結果的發生比率相等，則那人採用了客觀機率。

〔請接第 153 頁〕
https://shann.idv.tw/matheng/bayes.html

78 數學表達式 Expression

數學表達式（mathematical expressions）可以說「數學式」或者只說「式」或 expression。按照數學式的抽象定義，就連用數目字（numeral）寫出來的數（number），例如 13、2.54、1.4142… 和 −2 都是「式」：它們是「數式」(expressions for numbers)。但是在數學課程裡，前面的例子就只是「數字」；相對而言，分數（例如 $\frac{5}{7}$）、平方根（例如 $\sqrt{2}$）比較容易被看成「式」。

用確定的有理數寫出的四則混合運算式，特別稱為「算術表達式」或「算式」(arithmetic expression)，例如：

$$[(72-3.8)\div 25]\times(4.2\div 7)$$

為了鍵盤輸入的方便，乘號 × 常換成星號 *（asterisk），除號 ÷ 換成斜線 /（slash）；例如前面的算式可以寫成

$$[(72\ 3.8) / 25] * (4.2 / 7)$$

含等號（equal sign）的式稱為等式（equation），含不等號（共有四種 inequality symbols）的式稱為不等式（inequality）。

日文的「算式」是公式（formula）的意思，不是算術表達式；公式通常是等式，例如「博士熱愛的算式」是 $e^{i\pi}+1=0$。Formula 的複數，古典寫法是不規則變化的 formulae，但是美國人逐漸也常用規則變化：formulas。

含有「以符號代表數」(a symbol that designates a number) 的數學式稱為代數式（algebraic expression），例如

$$x-7 \text{ 、 } s+\frac{1}{s} \text{ 、 } \sqrt{r^2+4}$$

都是代數式，各式「代表數的符號」依序是 x、s、r。

中文稱那個符號為「元」，這個字來自遼宋金夏時期發展出來的「天元術」，「天元」是未知數的意思。英文很少正式稱呼那個符號，它的正式名稱應該是 nomial，源自拉丁文的「名字」。

將符號置換成一個確定的數，稱為「代入」(substitution)。代入之後，代數式就成了算式，可以算出一個數。例如將 $x=10$ 代入 $x-7$ 得到 3：

Substitute 10 for x in $x-7$ gets 3.

Substitute $x=10$ into $x-7$ gets 3.

在代數式裡，確定的數稱為常數 (constant)，包括像 π 這種符號常數 (symbolic constant)。常數與符號相乘時，乘號 × 也可以寫成點 · (dot sign)，甚至省略不寫，例如 $2n$ 表示 $2 \cdot n$，ax 表示 $a \times x$；其中 a 是另一個代表某數的符號。不寫乘號的乘式稱為並列寫法 (written as a juxtaposition) 或隱含乘法 (implied multiplication)。

要特別注意的是，當 $2x$ 寫成隱含乘法時，它的運算優先序 (precedence) 比較高，例如

$$\left[1 \div 2x = \frac{1}{2x}\right] \text{ 而不是 } \left[1 \div 2x = 1 \div 2 \times x = \frac{1}{2}x\right]$$

〔請接第 161 頁〕

https://shann.idv.tw/matheng/expression.html

79 方程 Equation with Unknowns

代數（algebra）起源於求解含未知數的等式（solving equations with unknowns），那樣的等式來自問題中已知和未知（known and unknown）的數量關係，而這樣的等式，中國古代稱為方程，意思是「方形並列的數」（其實比較像今天說的矩陣 matrix）。

　　最早的方程並未涉及未知數的次方，如今稱為一次方程（the first degree equation）或者線性方程（linear equation）。只有一個未知數的一次方程稱為一元一次方程（first degree equation with one unknown）。一元一次方程本身沒有實用價值，直接用算術即可解決情境中的問題。最早的方程就有兩個以上的未知數，而且古人早就發現需要跟未知數一樣多的等式，才能求解，這就是二元、三元或更多元一次聯立方程（system of first degree equations in two, three or more unknowns），簡稱為線性方程組（system of linear equations）。

　　中國早就發明了分離係數（separating coefficients），並不為未知數命名（例如 x、y 等），只設定第一、第二個未知數，然後按照順序把它們的係數並列成方形。嚴格來說，古文的「方程」專指「線性方程組」，如今擴大這個名詞的意義，泛指所有「含未知數的等式或聯立等式」。

　　西方人並不習慣分離係數，所以這個方法並沒有專用的英語說法，而是直接描述。例如「多項式相除的分離係數法」就描述為

A technique of polynomial division by only

considering the values of the coefficients.

經過等式與等式之間的未知數代換 (substitution of unknowns) 或消去 (elimination of unknowns)，線性方程組最後會化約為 (reduce to) 一元一次方程；這才是一元一次方程存在的價值，這也是第一次真的需要做正負數混合計算 (calculation with positive and negative numbers) 的狀況。

Algebra 這個字源於阿拉伯，原文的意思就是運用等量公理 (axioms of equality) 求解一元一次方程的技術。所謂「移項」(moving terms) 是等量公理的一個速算技巧 (a shortcut trick)，但是把 $ax = b$ 化為 $x = \dfrac{b}{a}$ 並不是「移項」，而是 transposition。Transposition 的意思是「孤立未知數」（應該說 isolate the unknown，但更習慣說 isolate a variable），這種技術除了移項以外，還包括消除未知數的係數 (remove the coefficient of the unknown)，意思是把未知數的係數化為 1，這個程序就像是把係數轉置 (transpose) 到等號另一側的分母。

當一個或一組數代入等式 (substituting one or more values into an equation) 使得等式成立，也就是等式的命題為真 (the equation is a true statement)，就稱這些數滿足等式 (satisfy the equation)。滿足方程組中所有等式的一組數，稱為該方程組的解 (solution to a system of equations)。

https://shann.idv.tw/matheng/equation.html

80 平面直角坐標系 Coordinates

坐標是 coordinate，平面直角坐標因為有兩個軸，所以是多數的 coordinates。直角坐標系是法國數學家、哲人笛卡耳發明的，他的法文姓氏是 Descartes (1596 – 1650)，從他的拉丁文姓氏 Cartesius 變化出來的形容詞 Cartesian 是「笛卡耳形式的」的意思。所以直角坐標系也就稱為笛卡耳坐標或卡氏坐標：Cartesian coordinate system。

　　一般的平面坐標系是 planar coordinate system，卡氏坐標或直角坐標系 (rectangular coordinate system) 是平面坐標系的其中一種。在高中還有另一種平面坐標系：極坐標 polar coordinates。直角坐標的原點是 origin，極坐標的原點叫做「極點」pole；它們都是參考點 (reference point) 的概念。

　　x 軸是 x axis，y 軸是 y axis，每個軸本身是一條數線 (number line)，通常取一樣長的單位長 (unit length)。軸的多數是 axes，所以 xy 坐標是 xy axes。我們通常讓 x 軸是水平的 (horizontal)，讓 y 軸是鉛直的 (vertical)，所以 x 軸又稱為橫軸，y 軸又稱為縱軸。

　　相對於直線是一維的 one dimensional，平面是二維的 two dimensional。卡氏坐標將平面分成四個象限：four quadrants；例如第一象限稱為 the first quadrant 或者 quadrant one，習慣用羅馬數字 I, II, III, IV 表示第一、二、三、四象限。

　　在沒有坐標的平面上討論圖形之間的關係，稱為平面幾何

(plane geometry)。建立了坐標系的平面，稱為坐標平面 (coordinate plane)；在它上面討論圖形之間的關係，稱為坐標幾何 (coordinate geometry) 或解析幾何 (analytic geometry)；在坐標平面上，任一點都有一個唯一的直角坐標 (rectangular coordinates)，簡稱坐標 (coordinates)；直角坐標有兩個元素：x 坐標、y 坐標 (x-coordinate and y-coordinate)。

在中學階段，coordinate geometry 和 analytic geometry 可以分出一點差異：當討論的幾何問題涉及切線、面積等概念時，也就是在方法上涉及微積分時，稱為解析幾何，否則稱為坐標幾何。例如，根據兩點的 coordinates 計算兩點距離 (distance between two points) 就是基本的坐標幾何學習內容。

https://shann.idv.tw/matheng/d2.html

〔續第 157 頁：78 數學表達式〕

為了避免以上混淆，所以代數文件幾乎都不寫除式 $1 \div 2x$ 而直接寫成分式 (fractional expression) $\dfrac{1}{2x}$。這就是為什麼代數式裡通常看不到 × 和 ÷，只看到 + 和 −。用 +、− 或 = 隔開的式，稱為一項 (a term)。在代數式的一項裡，符號（元、nomial）的乘數稱為這一項的係數 (coefficient)。

81 直線方程式 Line Equation

二元一次聯立方程 (system of first degree equations in two unknowns) 當中的個別等式，例如 $ax+by=c$，本來沒有單獨存在的意義，直到笛卡耳 (Descartes) 發明了直角坐標，這種等式才有了自己的身分：直線方程式 (line equation)。

　　將有序對 (ordered pair) (x, y) 詮釋 (動詞 interpret, 名詞 interpretation) 為坐標平面上的一點，則無窮多組滿足 (satisfy) 等式 $ax+by=c$ 的 x 和 y 對應坐標平面上無窮多點，它們聚集成一個圖形，就稱為等式 $ax+by=c$ 的圖形 (graph of an equation)。這種可以繪圖的等式稱為方程式，它的「元」稱為變數 (variables)，例如 $ax+by=c$ 是二元一次方程式 (a first degree equation in two variables)，其中 a、b 稱為係數 (coefficient)，c 稱為常數項 (constant term)。

　　根據等量公理，而且在代入法和消去法的程序 (procedure) 中已經實際體驗到：只要 $a':b':c'=a:b:c$ 而且 a'、b'、c' 不全為零 (not all zeros)，則 $a'x+b'y=c'$ 與 $ax+by=c$ 是等價的等式 (equivalent equations)，意思是說滿足它們的無窮多點是同樣的集合，它們在坐標平面上聚集成同樣的圖形。在這個意義之下，兩點 (x_0, y_0)、(x_1, y_1) 可以決定唯一一個二元一次方程式。因為它可以被兩點唯一決定 (determined uniquely by two points)，所以二元一次方程式的圖形就可以定義為直線。

　　x_0 可讀作 x sub zero 或 x zero，但是美國人常說 x naught。直線 line 的形容詞是 linear，而 linear 譯為「線性」或「線型」。

「數學是發現還是發明？」：

Is mathematics invented or discovered?

一直是熱門的哲學問題；其他數學或許是發現 (discovery)，但直線方程式實在是發明 (invention)。

水平是 horizontal，鉛直是 vertical；例如

x 坐標是水平的，y 坐標是鉛直的。

The x axis is horizontal and the y axis is vertical.

在坐標平面上，與 x 坐標平行的直線都稱為水平線 (horizontal line)，與 y 坐標平行的直線都稱為鉛直線 (vertical line)。

參閱網頁上的圖，在一條既不水平也不鉛直的直線上任取兩點，可以決定一個由水平、鉛直邊組成的長方形，使得直線是長方形的對角線。當直線是通過長方形左下角的對角線，我們說長：寬的比值是直線的斜率 (slope) 或梯度 (gradient)，當直線是通過長方形左上角的對角線，則規定長寬比的相反數是直線的斜率。

水平線的斜率是零，鉛直線沒有斜率：

The slope of a horizontal line is 0, and the vertical lines have no slopes.

斜率相等的直線彼此重疊或平行 (parallel)，斜率互為相反倒數 (opposite reciprocals) 的兩直線互相垂直 (perpendicular)。

x 截距和 y 截距分別是 x-intercept 和 y-intercept。直線與

〔請接第 167 頁〕

https://shann.idv.tw/matheng/line-eq.html

82 比例式 Proportion

當兩個比當中有一個未知數，例如 $a:b$ 和 $x:d$ 成比例，其中 x 未知，則它們的等式 $a:b=x:d$ 稱為比例式 (proportion)。前面的比例式等價於一元一次方程 $bx=ad$；一般而言，得知兩個（相等的）比當中的任三個數，就能決定第四個數。

　　比例關係 (proportionality) 應該是國民教育的最主要目標；一般人只要能夠掌握比例關係，就能解決生活情境中絕大部分的問題了。當兩個比相等，記作 $a:b=c:d$，就說 $a:b$ 和 $c:d$ 成比例 (in proportion)：

a and b are in the proportion of $c:d$

另一種符號是用雙冒號，例如 $a:b::c:d$，讀作：

a is to b as c is to d.

　　口語說兩個變量 (two variables) 成比例時，如果沒有特別聲明，意思就是它們成正比 (in direct proportion)：用數學語言表達，就是假設兩個量 x 和 y 分別有一個特例的數值是 x_0 和 y_0，則

$$x:x_0 = y:y_0$$

就是 x 和 y 成正比，記作 $x \propto y$ 或者 $y \propto x$，符號 $\propto$ 讀作「正比於」(is proportional to)。前面的比例式等價於 $x_0 y = y_0 x$，若認為 y 跟隨 x 改變：

The change in y depends upon the change in x.

則 x 和 y 的正比關係 $y \propto x$ 也寫成函數關係 (function) $y = kx$，其中 k 稱為比例常數 (the constant of proportionality)。

兩個量的比例關係，除了正比還有反比 (inverse proportion)。沿用前面的符號，如果

$$x : x_0 = y_0 : y$$

則是 x 和 y 成反比 (in inverse proportion)。因為這個比例式等價於 $xy = x_0 y_0$，x 和 y 的函數關係寫成 $y = \dfrac{k}{x}$，所以 x 和 y 成反比記作 $y \propto \dfrac{1}{x}$，意思是說 y 和 $\dfrac{1}{x}$ 成正比。

比例關係——正比、反比關係——是函數關係的最初經驗。

比率 (rate) 是指不同單位的兩個量的比值：

A rate is the quotient of a ratio where the quantities have different units.

例如匯率 (exchange rate)、變化率 (rate of change)。但是日常語言並不嚴格遵守上述規定，例如稅率 (tax rate) 是同單位量（元）的比值。

https://shann.idv.tw/matheng/proportion.html

83 圓方程式 Circle Equation

當方程式的圖形 (graph of an equation) 是坐標平面上的圓 (a circle in the coordinate plane)，它就稱為圓方程式 (the equation of a circle 或 circle equation)。當它寫成完全平方（俗稱配方）的形式 (completing the square)：

$$(x-h)^2 + (y-k)^2 = r^2$$

就稱為圓標準式：the standard form of the equation of a circle 或 the standard equation of a circle。從圓標準式可以立即讀出圓心坐標 (h, k) 及半徑 r。

　　如果展開平方 (expanding the squares)，將平方項係數化為 1 (remove the coefficients of quadratic terms) 並且令等式右端只有 0 (the right hand side of the equation is zero)，則稱為圓一般式：the general form of the equation of a circle 或 the general equation of a circle：

$$x^2 + y^2 + Dx + Ey + F = 0$$

　　只要把二元方程式寫成雙變數函數等於 0 的等高線形式：$f(x,y) = 0$，就稱為平面圖形的一般式 (the general form)。例如直線的一般式 (the general form of line equations) 是

$$ax + by + c = 0$$

　　圓心在原點的圓標準式 (the standard equation of circles centered at the origin) 是

$$x^2 + y^2 = r^2$$

在方程式中，將 x 置換成 $x-h$，記作 $x \mapsto x-h$，其中 $\mapsto$ 讀 maps to，其作用 (action) 是圖形的水平平移 (horizontal translation)：向右平移 h 單位 (translate the graph h units to the right)。這是因為：如果 x 和 y 滿足原來的方程式 $f(x, y) = 0$，也就是點 (x, y) 在原來的方程式圖形上，則 $x+h$ 和 y 就會滿足新方程式 $f(x-h, y) = 0$，也就是點 $(x+h, y)$ 在新方程式的圖形上。可見原方程式圖形上每個點的 x 坐標加 h 之後，就形成新方程式圖形。

類似地，$y \mapsto y-k$ 的作用是圖形的鉛直平移 (vertical translation)：向上平移 k 單位。從圓標準式特別容易看清楚平移作用：$(x-h)^2 + (y-k)^2 = r^2$ 的圖形是 $x^2 + y^2 = r^2$ 的圖形向右平移 h、向上平移 k 的結果，因為它的圓心從原點 $(0,0)$ 移到了 (h, k)，而半徑不變，仍是 r。

https://shann.idv.tw/matheng/circ-eq.html

〔續第 163 頁：81 直線方程式〕

x 軸正向 (the positive direction of the x axis) 所夾的有向角 (directed angle) 稱為傾角 (angle of inclination)，斜率等於傾角的正切：

The slope equals the tangent of the angle of inclination.

當斜率為正，直線與 x 軸正向所夾的銳角稱為仰角 (elevation angle / angle of elevation)，當斜率為負，那個銳角則稱為俯角 (angle of depression)。

84 聯立方程 System of Equations

聯立方程稱為 system of equations 或 equation system 或 simultaneous equations，中文又稱為方程組。它是由若干個未知數所形成的若干條等式組成，在數學概念上，這些等式形成一個集合：

An equation system is a set of equations involving a number of unknowns.

系統中同樣名字的未知數，代表同一個數。例如，如果要將其中一條等式的 x 代入 1：

Substitute 1 for x in one of the equations in the system.

則方程組中每一個 x 都要同樣代入 1。

所謂 n 元聯立方程就是有 n 個未知數 (n unknowns) 的方程組。一般而言，方程組中也要有 n 條等式。古文「方程」就是指二元、三元或更多元的一次聯立方程，所謂「一次式」是指每個未知數都沒有做次方（都是 1 次方），而且彼此不相乘，例如 $2x - y + \sqrt{3}z - 2\pi$ 是 x、y、z 的一次式，但 $xy + z$ 就不是一次式。

數學習慣將未知數排序，並將分別代入各未知數的數寫成 tuples。例如將未知數按 x、y、z 排序，則在方程組代入 the 3-tuple (1,2,4) 意思就是代入 $x=1$、$y=2$、$z=4$。Tuple 正式翻譯成「數組」，而 n-tuple 翻譯為 n-元組。其實 tuple 就是用圓括號包起來的一組有序的數 (an ordered list of numbers enclosed by parentheses)，就像數列 (sequence) 或陣列 (array)，只不過 tuples 就是指它的符號形式，沒有數學意義；tuple 可以賦予幾種

不同的數學意義，包括方程組的解、坐標系中的點坐標、向量，以及樣本空間中的樣本點等等。由兩個數組成的 2-tuples 稱為數對，跟有序對 (ordered pair) 同義；照理說，「對」應該就是兩個，但是我們也稱更多數的 tuples 為「數對」。

以上全是代數方面 (algebraic aspects) 的內容。引進解析幾何之後，聯立方程之中的每一條等式被視為方程式 (equation of variables)，而未知數則被詮釋為變數 (variables)。將滿足方程式的 n-tuples $(a_1, a_2, \ldots, a_n)$ 詮釋為 n 維坐標空間 (n dimensional coordinate space) 中的一點，則方程式就代表一個圖形。因此，聯立方程就等價於坐標空間中若干圖形；而聯立方程的解就是這些圖形的交點坐標 (coordinates of intersections)；注意：是「全部圖形」的共同交點，例如三條直線兩兩交於三個不同的點，則不算是三條直線的交點。

一次聯立方程又稱為線性方程組 (system of linear equations)，是因為二元一次聯立方程之中的每條方程式 $ax + by = c$ 都在坐標平面上代表一條直線。雖然三元或更多未知數的一次聯立方程，當中的方程式圖形並不是 n 維空間中的直線，但是仍然稱它為 n 元線性方程組。

中學課程不只介紹線性方程組，也略為涉及非線性聯立方程 (system of nonlinear equations)。例如，求圓與直線的交點坐標，等價於求解以下非線性方程組：

$$\begin{cases} x^2 + y^2 = r^2 \\ ax + by = c \end{cases}$$

https://shann.idv.tw/matheng/sys-eq.html

85 多項式 Polynomial

多項式 (polynomial) 是數學家 (mathematician) 在第九到十七世紀逐漸熟悉了一次聯立方程、二次方程、三次方程、直線方程式、二次曲線方程式（包括圓方程式）之後，逐漸從這些數學式抽象出來（動詞、形容詞：abstract，名詞：abstraction）的數學物件 (mathematics object)。例如，從二次方程 $x^2 - 3x + 7 = 0$ 粹取／摘要（abstract 的另兩個中文意涵）出來的 $x^2 - 3x + 7$，從直線方程式 $2x - 3y + 1 = 0$ 粹取出來的 $2x - 3y + 1$，從圓方程式 $x^2 + y^2 = 4$ 粹取出來的 $x^2 + y^2 - 4$，都是多項式。

字根 nomial 的來源是拉丁文的「名字」：（單數 nomen，複數 nomina），中文稱為「元」。它就是一個「可以代入一個數」的佔位符號 (placeholder)，英文用 indeterminate 比較好。跟隨韋達（法文：Viète，拉丁文／英文：Vieta）和笛卡耳的建議，如今全世界都習慣用 x、y、z 等符號作為「元」。

把各「元」和數值──這樣的數稱為係數 (coefficient)──乘在一起，稱為 monomial，其中 mono 字根是「單一」的意思，中文翻譯為「單項式」；例如 x^2，$-7x^5$ 和 $2xy$ 甚至 $4x^2yz^3$ 都是 monomials，它們是一元、二元或三元單項式：

Monomials in/of one, two, or three indeterminates.

單項式的次方必須是正整數或零，其中 x^1 簡記為 x。我們規定 $x^0 = 1$，所以 1 也是單項式。根據以上規則，把「元」放到分母就不算 monomial 了，例如 $\dfrac{1}{x} = x^{-1}$ 不是 monomial。

單項式的次數 (degree) 是每個元的指數和：

The degree of a monomial is the sum of the exponents.

所以 $2xy$ 是二次 (second degree 或 of degree two)，而 $4x^2yz^3$ 是六次 (of degree six)。

另外規定 0 也是單項式，規定它的次數是負無限大 $(-\infty,$ negative infinity)。但是中學不討論 0 的次數。

把兩個單項式相加或相減，就是二項式：binomial，其中字根 bi 就是「二或雙」的意思；例如 $2x^3-3x^2$、$x-1$、$x+y$、x^2-y^2 都是二項式。但 $(x+y)^4$ 並不是二項式，它是二項式的次方，可以「展開」(can be expanded) 成多項式。

字根 poly 是「多」的意思，polynomial（多項式）包括單項式、二項式，以及把三個或更多個單項式相加或相減串起來的數學式。在多項式裡，每個單項式稱為一項 (one term)，而多項式的次數就是各項當中最高的次數：

The degree of a polynomial is the highest of the degrees of the individual terms.

零次多項式又稱為常數多項式 (constant polynomial)，其中那個常數不得為 0。而 0 就特別稱為零多項式 (zero polynomial)。一次、二次、三次又稱為 linear、quadratic、cubic。零次項的係數就是常數項：

The coefficient of the term of degree 0 is called the constant term.

〔請接第 177 頁〕

https://shann.idv.tw/matheng/polynom.html

86 方程（式）Polynomial Equation

多項式是一種數學物件 (mathematics object)。例如 $x^2 + 2x + 1$ 就是一個 x 的多項式 (a polynomial in x)，可以用 P 表示：Let P be the polynomial $x^2 + 2x + 1$，但中學老師更習慣將它寫成函數形式，例如 Let $P(x) = x^2 + 2x + 1$。我們將多項式等式 (polynomial equation) $P(x) = 0$ 稱為方程，對它求解。而多項式函數 (polynomial function) $P(x)$ 簡稱為二次函數，$P(x)$ 的圖形就是方程式 $y = P(x)$ 的圖型。

多項式形成一種代數結構 (algebraic structure)，多項式與多項式之間有相等關係，也能做加減乘除運算。但是，只有代數領域的數學專業才會深入了解多項式的運算性質，一般人（包括中學生）只是拿多項式當作方程或函數的表達式 (expression)。

當 P 是一元 n 次多項式：Let P be a polynomial in one indeterminate of degree n，所謂 n 次方程 (polynomial equation with one unknown of degree n) 是以元為未知數 (unknown) 的等式 $P = 0$。一次、二次、三次方程又稱為 linear equation、quadratic equation 和 cubic equation。多項式 P 的根 (root) 就是方程 $P = 0$ 的解 (solution)：The roots of a polynomial P are the solutions of the equation $P = 0$。

當 P 是以 x 為元的多項式 (let P be a polynomial in x)，在中學常記作 $P(x)$；當它是 n 次時，多項式函數 $P(x)$ 就簡稱為 n 次函數 (polynomial function of degree n)。這時候 x 就不再是未知數而是變數 (variable)。多項式函數 $P(x)$ 的根就是方程 $P(x) = 0$

的解：

The roots of a polynomial function $f(x)$ are the
solutions of the equation $f(x)=0$.

當 P 是 x 和 y 的二元多項式 (let P be a polynomial in x and
y)，則等式 $P=0$ 就是二元方程式 (a polynomial equation with
two variables)，它代表坐標平面上的一個圖形；例如
$x^2+y^2-1=0$ 的圖形是單位圓。而三元方程式 (polynomial
equations with three variables) 的圖形則是坐標空間中的曲面；
例如 $x^2+y^2+z^2-1=0$ 的圖形是單位球。或者，當 P 和 Q 都是
x 和 y 的二元多項式，則 $\begin{cases} P=0 \\ Q=0 \end{cases}$ 是兩個未知數的聯立方程 (a
system of equations in two unknowns)。

為了支援多項式的以上用途，我們必須會做基本的多項式加
減乘除。其中除法很類似整數除法，西方稱為歐幾里得除法
(Euclidean division)，它的一般算法是直式除法：long division，
又譯為長除法，但是當除式 (divisor) 為特殊一次式 $x-a$ 時，有
一種快速算法，稱為綜合除法 (synthetic division)。

因為有除法，所以兩個多項式之間也有因式和倍式關係。因
式的英文跟正整數的一樣，就是 divisor 或 factor。英文很少說倍
式。多項式的因式分解稱 factorization of polynomials 或者
polynomial factorization。注意「因式」至少是一次多項式，所以
常數不能當作多項式的因式。

〔請接第 186 頁〕
https://shann.idv.tw/matheng/polyop.html

87 二次曲線 Quadratic Curve

所謂二次曲線 (quadratic curves) 是指二元二次方程 polynomial equations in 2 variables of degree 2 或 bivariate quadratic equations 在坐標平面上的圖形。在沒有坐標的時代，這些圖形稱為圓錐曲線 (conic sections 或 conics)，又譯為圓錐截痕。

以 x、y 為「元」的二元二次多項式之一般形式為

$$Ax^2 + Bxy + Cy^2 + Dx + Ey + F$$

其中 A、B、C 不全為 0；在此主題，數學習慣使用大寫字母表達係數。將滿足二元二次方程式

$$Ax^2 + Bxy + Cy^2 + Dx + Ey + F = 0 \tag{1}$$

的解寫成有序對 (ordered pairs) (x, y)，並將它們詮釋為坐標平面上的點，這些點聚集而成的圖形就是二次曲線，將它記作 Γ。

假如 $B \neq 0$，存在一個 $[-45°, 45°]$ 範圍內的角 θ，使得將 x、y 坐標繞原點旋轉 θ 之後——令旋轉後的 x 軸和 y 軸分別記作 X 軸和 Y 軸——在新的 X、Y 坐標之下，曲線 Γ 的點坐標 (X, Y) 都滿足新的方程式：

$$A'X^2 + C'Y^2 + D'X + E'Y + F' = 0 \tag{2}$$

而它不再有 XY 項 (the XY-term 也可以說 the mixed term)。也就是方程式 (1) 做了變數變換 (change of variables) 之後，轉換成方程式 (2)：

The equation (1) transforms into equation (2) having no more the mixed term.

因此，我們可以不失一般性地 (without loss of generality，簡寫成 WLOG) 假設二次曲線 Γ 的方程式是

$$Ax^2 + Cy^2 + Dx + Ey + F = 0 \qquad (3)$$

其中 A 和 C 不同時為 0。

　　假如 A 或 C 其中之一等於 0，而方程式 (3) 仍保持為二元方程式 (bivariate equation)，則 (3) 可以整理成以下形式 (the following form)：

$$y = c(x-h)^2 + k \quad \text{or} \quad x = c(y-k)^2 + h$$

它們就是以 x 或以 y 為自變數的二次函數，因此 Γ 就是二次函數的圖形，經常被稱為拋物線 (parabola)。但是拋物線的標準式 (standard equation) 卻習慣寫成

$$y^2 = \pm ax \text{ or } x^2 = \pm ay \quad，其中 \ a > 0。$$

一般的拋物線方程式是其標準式的平移 (translation)。

　　假如 A 和 C 皆不等於 0，則方程式 (3) 可以整理成以下形式：

$$\frac{(x-h)^2}{a^2} \pm \frac{(y-k)^2}{b^2} = \pm 1 \text{ or } 0 \quad，其中 \ a > 0、\ b > 0 \qquad (4)$$

此時二次曲線 Γ 可能是橢圓 (ellipse) 或雙曲線 (hyperbola)。橢圓標準式是 $\dfrac{x^2}{a^2} + \dfrac{y^2}{b^2} = 1$，雙曲線標準式是 $\dfrac{x^2}{a^2} - \dfrac{y^2}{b^2} = \pm 1$，一般的橢圓或雙曲線方程式是其標準式的平移。

〔請接第 186 頁〕

https://shann.idv.tw/matheng/quadcurve.html

88 三角比 Trigonometry

三角學 (trigonometry) 是從「三角」與「測量」兩個字根合併而成的，可以理解它原本是以三角測量為主要目地的數學次領域 (a branch of mathematics)。Trigonometry 的基本物件是直角三角形 (right triangles) 任取兩邊的比值所定義的 6 個三角比 (trigono-metric ratios)：正弦 sine (sin)、餘弦 cosine (cos)、正切 tangent (tan)、餘切 cotangent (cot)、正割 secant (sec) 和餘割 cosecant (csc)。在 calculator 淘汰 (obsolete) 三角表 (trigonometry tables) 之後，常用的三角比剩下三個：sin, cos, tan。為了發展微積分公式，sec 還扮演重要的角色，但 cot 和 csc 可以完全被 tan 和 sin 的倒數取代而不至於造成不便。

參閱網頁上的圖示，三角比的名稱 tangent 和 secant 本來就是切線與割線的意思；sine 則是從印度的「半弦」經過阿拉伯文再經過拉丁文轉譯而來的。這些名稱的來源是因為它們原本是圓心角 (central angle) 所決定的某些線段長，從圖上可以看到切線和割線。在圓上討論各線段長，以前曾經有超過 6 個三角比，例如正矢 (versine) 和餘矢 (coversine)。

當直角三角形的兩股擺成水平、鉛直 (horizontal / vertical) 形式時，水平的邊稱為底 (base)，鉛直的邊稱為高 (perpen-dicular)。當指定了直角三角形的一個銳角 A 時，垂直的兩邊，一個是角 A 的鄰邊 (adjacent side) 另一個是對邊 (opposite side)。以角 A 為「主角」時，直角三角形的另一個銳角就是它的餘角 (complementary angle)。三個「餘」三角比英文名稱的 co- 都是

complementary 的縮寫，指的是「餘角的比」，例如角 A 的餘弦 (cosine of A) 是 A 的餘角的正弦 (sine of the complementary of A)。沒有標準的餘角符號，某些老師用 A^c 或 A' 表示 A 的餘角。

像30°（30度、30 degrees、$\frac{\pi}{6}$ 弳）、45°（$\frac{\pi}{4}$ 弳）、60°（$\frac{\pi}{3}$ 弳）這些常用來舉例的角，稱為特殊角 (special angles) 或常用角 (common angles)。事實上，特殊角還有15°（$\frac{\pi}{12}$ 弳）、18°（$\frac{\pi}{10}$ 弳）、22.5°（$\frac{\pi}{8}$ 弳）、36°（$\frac{\pi}{5}$ 弳），以及它們的餘角。

正切也跟斜率和坡度有關。傾角 (angle of inclination 或 dip angle) 為 α 的直線斜率 (slope)是 $\tan\alpha$，而坡度 (grade) 其實就是斜率，只是習慣寫成百分比：

$$\text{grade}\,\alpha = \tan\alpha \times 100\% = \frac{\text{rise}}{\text{run}} \times 100\%$$

https://shann.idv.tw/matheng/trig-ratio.html

〔續第 171 頁：85 多項式〕

係數皆為整數的多項式稱為整係數多項式：a polynomial over integers / $\mathbb{Z}$，同理可以說有理係數多項式、實係數多項式、複係數多項式。

89 推廣的三角比 Trig Ratio

在數學發展脈絡中，三角比的前身是托勒密 (Ptolemy) 在西元二世紀 (the second century) 發表的弦表 (table of chords)，所謂的角 (angle) 都是圓心角，所以介於 0° 和 360° 之間。後來伊斯蘭文明 (Islamic civilization) 從印度學來正弦與餘弦 (sine and cosine)——就好像他們也從印度學來「阿拉伯數字」(Arabic numeral) 似的——在那之後才有直角三角形上的三角比，而角就僅限於銳角 (acute angle) 了。所謂「推廣的三角比」最初是把三角比推廣到 90 度以上：

To extend trigonometric ratios beyond 90°.

如今的意思是把三角比推廣到「廣義角」上。所謂推廣的三角比就是單位圓上的三角比：

The extended trigonometric ratios are the ratios on the unit circle.

所謂單位圓 (unit circle) 是指坐標平面上以原點 (0, 0) 為圓心，單位長 1 為半徑的圓：

The circle of radius 1 centered at the origin (0, 0) in the Cartesian coordinate system.

英文似乎沒有「廣義角」的說法。被推廣的是三角比，而不是角：我們並沒有推廣角的定義，只是讓它多了方向性 (directionality)：稱為有向角 (directed angle) 或有號角 (signed angle)，並規定逆時針旋轉方向 (counterclockwise direction) 為

正向，順時針旋轉方向 (clockwise direction) 為負向。注意 clockwise 已經是副詞，不要再加 ly。

為了將三角比從直角三角形推廣到單位圓上，我們將角放在坐標平面的標準位置 (in standard position)，也就是頂點在原點而始邊在 x 軸正向：

The vertex of the angle lies at the origin and the initial side lies along the positive x-axis.

如此一來，終邊 (terminal side)，也就是一條以原點為端點的射線 (a ray starts at the origin) 就決定了一組同界角 (coterminal angles)。

所謂單位圓上的三角比，就是將有向角 A 放在標準位置，取其終邊與單位圓的交點 $A(x, y)$——我們故意重複使用符號，讓角和點都記作 A——則定義

$$\cos A = x \quad \text{and} \quad \sin A = y$$

其他三角比都用 sin 和 cos 來定義。基本的三角平方公式

$$\sin^2 A + \cos^2 A = 1$$

只不過因為 $(\cos A, \sin A)$ 是單位圓上的點坐標，它們滿足單位圓方程式：$x^2 + y^2 = 1$。英文稱此平方公式為畢氏等式 (Pythagorean identity)，或者說畢氏三角等式 (Pythagorean trigonometric identity)，可以略為簡化成 Pythagorean trig identity。其他兩種變形 (variations) 同樣也都稱為 Pythagorean identities。

https://shann.idv.tw/matheng/trig-circle.html

90 三角恆等式 Trig Identity

為數眾多的三角恆等式（trigonometric identities）或三角公式（trigonometry formulas）是中學數學一段惡名昭彰（notorious）的學習內容（learning content）。善用對稱性（symmetry）可望提升理解層次，也就降低複雜度了。

　　將 $(\cos A, \sin A)$ 視為單位圓上的一點：

　　　　Let $(\cos A, \sin A)$ be a point on the unit circle.

稱它為點 A——故意重複使用 A——則點 A 與 $(\cos(-A), \sin(-A))$ 對稱於 x 軸（symmetric with respect to the x axis），由對稱點的坐標關係可得 sin 與 cos 的負角關係（opposite angles identities）。

　　令 A^s 是 A 的補角（supplementary angle），則 $(\cos A^s, \sin A^s)$ 是點 A 的 y 軸對稱點（the symmetrical point from the y axis），由它們的坐標關係可得 sin 與 cos 補角關係（supplementary angles identities）。

　　令 A' 是 A 的餘角（complementary angle），則點 A 與 $(\cos A', \sin A')$ 是對稱於直線 $y = x$ 的兩點（two points that are symmetric across the line $y = x$），由它們的坐標關係可得 sin 與 cos 餘角關係（complementary angles identities）。

　　以上三種對稱也可以用鏡射來理解：例如，互餘兩角是對 45° 直線的鏡射：

　　　　Reflections about the line with direction 45°.

因此，前述恆等式可統稱為鏡射公式（reflection identities）。

從以上基本等式，搭配其餘四個三角比與 sin、cos 的倒數關係 (reciprocal identities) 及分數關係 (ratio/quotient identities)，即可推論全部三角比的負角、補角、餘角關係：

Trigonometric identities of opposite, supplementary, and complementary angles.

在中學，只做 sin、cos、tan 的和差角公式。四個 sin 與 cos 的和差角公式 (angle sum and difference identities) 只要知道其中一個就可以用負角、餘角關係推論其他三個。從高觀點來看，比較容易記得的是餘弦的差角公式 (the difference of angles identity for cosine)，因為它等價於 (is equivalent to) 向量內積 (inner product of vectors)。Tangent 的和差角公式可從它跟 sin、cos 的分數關係推導 (derives) 出來。

倍角公式 (double angle formulas) 都是和角公式的特例，cos 的倍角公式可以推論 sin 及 cos 的半角公式 (half angle formulas)，它們再推出 tan 的半角公式。sin 及 cos 的半角公式在積分時特別有用。

中學課程已經不講三倍角公式 (triple angle formulas)，它們在數學發展史上扮演關鍵角色。中學課程也已經不講和差化積 (sum-to-product identities) 與積化和差 (product-to-sum identities)，但積化和差在某些積分技巧需要用到。可是，如果使用電腦代數系統 (CAS: Computer Algebra System) 做積分，這個技巧也就沒那麼重要了。

https://shann.idv.tw/matheng/trig-ident.html

91 行列式 Determinant

把二元一次聯立方程按照未知數的順序排列好：

$$\begin{cases} ax + by = h \\ cx + dy = k \end{cases} \tag{1}$$

將方程的係數 a、b、c、d 分離出來，算出一個數 $ad-bc$，就是方程 (1) 的 determinant，直譯為「決定者」，它可以「決定」(determines) 方程 (1) 是否有唯一解？

將方程 (1) 的係數分離出來，自然排列成方形，古文稱為「行列」（直行橫列）：

$$\begin{matrix} a & b \\ c & d \end{matrix}$$

將這個「行列」算出 determinant 的符號，有以下兩種記號：

$$\begin{vmatrix} a & b \\ c & d \end{vmatrix} = \det\begin{pmatrix} a & b \\ c & d \end{pmatrix} := ad - bc$$

中文就翻譯成「行列式」了。

單純使用消去法 (elimination method) 就能推論：

若且唯若 $\begin{vmatrix} a & b \\ c & d \end{vmatrix} \neq 0$ 時，方程 (1) 有唯一解。

The system of equations (1) has a unique solution if and only if the determinant is nonzero.

引進解析幾何之後，也能看出行列式可以做「決定」的原因：$ad-bc=0$ 等價於 $a:b=c:d$，也就是 a、b 和 c、d 成比例 (in proportion)，所以方程中的兩條直線平行或者重疊：

Lines in the system of linear equations are either parallel or coincident.

所以沒有唯一交點，也就是方程沒有唯一解。

當方程 (1) 的 $\begin{vmatrix} a & b \\ c & d \end{vmatrix} \neq 0$，它的公式解是

$$x = \dfrac{\begin{vmatrix} h & b \\ k & d \end{vmatrix}}{\begin{vmatrix} a & b \\ c & d \end{vmatrix}} \ , \ y = \dfrac{\begin{vmatrix} a & h \\ b & k \end{vmatrix}}{\begin{vmatrix} a & b \\ c & d \end{vmatrix}}$$

稱為克拉瑪公式 (Cramer's rule)。就二元線性聯立方程而言，克拉瑪公式很簡單，而且它可以推廣到 n 元線性聯立方程。關鍵是：n 階行列式(determinant of order n) 怎麼算？

萊布尼茲 (Leibniz) 帶頭發現將三階行列式 (determinant of order 3 或 the third order determinant) 降為一串二階行列式的算法：

$$\begin{vmatrix} a & b & c \\ d & e & f \\ g & h & k \end{vmatrix} = a\begin{vmatrix} e & f \\ h & k \end{vmatrix} - b\begin{vmatrix} d & f \\ g & k \end{vmatrix} + c\begin{vmatrix} d & e \\ g & h \end{vmatrix} \tag{2}$$

拉普拉斯 (Laplace) 將它推廣到 $n \geq 4$ 階的情況：遞迴地 (recursively) 利用 minors 將 n 階行列式降階 (to reduce the order) 為 $n-1$ 階。所謂 minor 是去掉一行與一列 (removing one row and one column) 之後的行列式，中文譯作「餘子式」，不如直接說英文。

〔請接第 186 頁〕

https://shann.idv.tw/matheng/det.html

92 向量 Vector

向量 (vector) 是僅有兩種屬性的數學物件：向 (direction) 與量 (magnitude)。只要這兩個屬性相同，就是相等的向量：

> Two vectors are equal if they have the same magnitude and direction.

向量不一定需要坐標，但是在坐標系統中比較容易具體操作向量，所以我們在有坐標的前提下討論向量。

向量的 magnitude（又譯「大小」）以非負實數 (nonnegative real numbers) 表現，它常見的意義是長度 (length)、速率 (speed)、力的強度 (strength of the force，公制單位為牛頓 Newton) 等。至於 direction 原則上用一條射線來表現，實際的表現方式則與維度有關；舉例而言，數線上的一維向量 (one dimensional vector) 只有兩個方向：向前 (forward) 或向後 (backward)，用正負號表示．正數是向前的向量，負數是向後的向量。坐標平面上的二維向量 (two dimensional vector) 方向可以由極坐標的角 (polar angle) 來表達，也可以用單位圓上的點坐標 $(\cos\theta, \sin\theta)$ 來表達：這兩種表達方式，意思都是以某個標準位置角的終邊為方向：

> The direction of the terminal side of an angle in the standard position.

在坐標空間中，方向可以用三個方向餘弦 (direction cosines) 表達，但是通常就由一個非零向量 (nonzero vector) 的直角坐標來表達，例如 in the direction of the ray that starts at the origin and passes through the point (a,b,c) 意思就是從原點 $(0,0,0)$ 經過點 (a,b,c) 的射線方向，當然 (a,b,c) 不是原點。這個說法可以簡化成 in the direction that points from the origin to (a,b,c)，或者更簡化成 in the direction of vector $\overrightarrow{OP}$，其中 O 表示原點，P 表示點 (a,b,c)。

Magnitude 是 0 的向量都稱為零向量 (zero vector)，它沒有特定方向，或者說它的方向是任意的：

The zero vector has no particular direction, or the direction is arbitrary.

但我們規定所有零向量皆相等，只是不討論零向量與其他向量的平行或垂直。不能說零向量沒有方向，因為向量都要有向也有量。

通常在符號上方畫箭頭 → (arrow) 或半箭頭 ⇀（harpoon：魚叉）來表示向量，例如 $\vec{v}$，或者使用粗體字型 (boldface font) 來表示向量，例如 $\boldsymbol{v}$，兩者皆讀作 vector v。前面已經看過：以 O 為始點 (initial point)、P 為終點 (terminal point) 的向量記作 $\overrightarrow{OP}$，讀作 vector OP 或 vector from O to P。零向量記作 $\vec{0}$。

$\vec{v}$ 的「量」的學名是模 (norm)，俗稱長度，在中學通常使用絕對值符號表示：$|\vec{v}|$，但是在高等數學則習慣使用 norm 符號：$\|\vec{v}\|$。嚴格來說，非零向量 $\vec{v}$ 的方向向量是與它同樣方向的單位向量，有時候記作 $\boldsymbol{u}_v$：The direction vector of a nonzero vector $\vec{v}$ is the unit vector in the direction of $\vec{v}$, sometimes denoted by $\boldsymbol{u}_v$ where $\boldsymbol{u}_v := \dfrac{\boldsymbol{v}}{\|\boldsymbol{v}\|}$.

〔請接第 187 頁〕

https://shann.idv.tw/matheng/vec.html

〔續第 173 頁：86 方程 (式)〕

相對於正整數當中的質數，不可分解的多項式稱為 irreducible polynomial，譯作不可約多項式。不可再分解的因式，就稱為不可約因式 (irreducible factor)。

　　多項式除法原理是歐幾里得除法引理：Euclidean division lemma (for polynomials)，用英文寫出來就跟正整數的情形一樣：

$$\text{Dividend} = \text{Quotient} \times \text{Divisor} + \text{Remainder}$$

但是用中文寫，就特別表達了「式」跟「數」的差別：

$$\text{被除式} = \text{商式} \times \text{除式} + \text{餘式}$$

〔續第 175 頁：87 二次曲線〕

如果 (4) 式的右端項 (the right hand side of the equation) 是 0，則 Γ 不存在或者是退化的圓錐曲線 (degenerate conics)：一點、兩相交直線 (two intersecting lines)。假如方程式 (3) 實際上只有一元 (univariate equation)，也就是 $Ax^2 + Dx + F = 0$ 或 $Cy^2 + Ey + F = 0$，則 Γ 有另外兩種退化的情況：一直線、兩平行線 (two parallel lines)。

〔續第 183 頁：91 行列式〕

將 minor 賦予恰當的正負號之後，稱為 cofactor（餘因子）。例如在 (2) 式中，

$\begin{vmatrix} d & f \\ g & k \end{vmatrix}$ is the minor of b, $-\begin{vmatrix} d & f \\ g & k \end{vmatrix}$ is the cofactor of b.

而 (2) 式是三階行列式沿著第一列的拉普拉斯展開 (the Laplace expansion along the first row)。預先警告 (be forewarned)：以上

行列式算法僅適合低階行列式 (lower order determinants)，並非一般性的理想算法。

在直角坐標上，另外發現了行列式的幾何意義 (geometric meaning)：由原點 $O(0,0)$ 和 (a,b)、(c,d) 為頂點的三角形面積是 $\dfrac{1}{2}\left|\det\begin{pmatrix} a & b \\ c & d \end{pmatrix}\right|$。

〔續第 185 頁：92 向量〕

但是口語上我們通常把非零向量本身就當作一個方向，而不特別要求長度為 1。例如直線的方向向量就是直線上任相異兩點所成的向量：

The direction vector of a line is $\overrightarrow{AB}$ for any distinct points A and B on the line.

向量的幾何表徵是有向線段 (directed line segment)。在直角坐標系上，向量的坐標表示法 (the coordinate representation of a vector) 就是將點坐標寫成直式，稱為行向量 (column vector)。以平面向量 (vectors in the plane) 為例：$v = \begin{pmatrix} a \\ b \end{pmatrix}$，意思是從原點 $O(0,0)$ 到點 $P(a,b)$ 的向量。坐標表示法當中的元素，也就是 a 和 b，稱為分量 (component)。

向量也可以用點坐標的橫式表示，稱為列向量 row vector。但是線性代數 (linear algebra) 的標準符號採用了行向量，越來越多數學文件採用行向量。採用行向量的好處之一，是容易分辨點坐標與向量，但它的壞處顯然是浪費紙張的版面。

93 線性組合 Linear Combination

所謂線性組合 linear combination 是指係數積 (scalar multiplication) 相加減的數學表達式 $ax + by$，其中 a、b 稱為純量 (scalar)，通常就是實數或複數，而 x、y 可以是某些類型的數學物件，包括「元」（未知數或變數）、函數、向量等。以上形式可以推廣到任意有限多項。本篇專指向量的線性組合。

向量的特徵之一是它與「位置」無關。例如不論 $v = \begin{pmatrix} 2 \\ -1 \end{pmatrix}$ 的始點何在，只要是「向右 2 單位，向下 1 單位」的位移 (displacement) 就是 v。例如由 $A(2,3)$、$B(4,2)$ 兩點形成的 $\overrightarrow{AB}$ 就是「向右 2 單位，向下 1 單位」的位移，所以 $v = \overrightarrow{AB}$。這相當於把 $\begin{pmatrix} 2 \\ -1 \end{pmatrix}$ 從標準位置 standard position，亦即從原點 O 開始的位置，平移到以 A 為始點的位置：在向量的世界裡，任何平移都還是同一個向量。其實這很正常啊，就好像任何人不管走到哪裡都應該還是同一個人。

使用坐標表示法時，向量的係數積和加法計算非常直覺，以平面向量為例：

$$s\begin{pmatrix} a \\ b \end{pmatrix} = \begin{pmatrix} sa \\ sb \end{pmatrix}, \qquad \begin{pmatrix} a \\ b \end{pmatrix} + \begin{pmatrix} c \\ d \end{pmatrix} = \begin{pmatrix} a+c \\ b+d \end{pmatrix}$$

而 $v - w$ 就是 $v + (-1)w$ 的意思。以上定義可以推廣到任意維度的向量——所謂 n 維向量 (n dimensional vector) 的意思是它有 n 個 components；其中 n 是正整數。一維向量就是實數。

　　為了解向量線性組合的幾何意義，首先應了解向量加法的原理是「首尾相連」之後的「總位移」。例如 $\overrightarrow{OA}+\overrightarrow{AC}=\overrightarrow{OC}$。其次，當我們需要做 $\overrightarrow{OA}+\overrightarrow{OB}$ 時，必須先把 $\overrightarrow{OB}$ 的始點 O 平移到 A 點，找一點 C 使得 $\overrightarrow{AC}=\overrightarrow{OB}$ 然後做 $\overrightarrow{OA}+\overrightarrow{OB}=\overrightarrow{OA}+\overrightarrow{AC}=\overrightarrow{OC}$。

　　最後，也是許多學生較慢領悟的，是向量都有三種意義：

1. 位置 position：以原點 O 為始點；
2. 位移 displacement：以任一點 A 為始點；
3. 點坐標 coordinates of a point：亦即位置向量的終點。

　　注意：沒有特別聲明的時候，任何向量都假設在標準位置。以上三種意義必須靈活替換。以一維向量為例：我們知道 $2-3=-1$，用向量觀點看，則 $A(2)$ 和 $B(-3)$ 是數線上兩點，$2-3$ 可以換成 $\overrightarrow{OA}+\overrightarrow{OB}$，而 $\overrightarrow{OB}$ 的位移意義是「向後 3 單位」(3 units backward)，若取點 $C(-1)$ 則 $\overrightarrow{AC}=\overrightarrow{OB}$，所以向量和 (sum of vectors) 是 $\overrightarrow{OC}$。再把 $\overrightarrow{OC}$ 從位置向量換成點 C 的坐標 -1，就是 $2-3$ 的結果。

　　一般而言，A、B 兩點可以換成位置向量 $\overrightarrow{OA}$ 和 $\overrightarrow{OB}$，做完 $\overrightarrow{OA}+\overrightarrow{OB}=\overrightarrow{OC}$ 之後，再把 $\overrightarrow{OC}$ 換成點 C，就好像向量成為點運算的載具 (vehicle)，把點 A 和點 B 運算成點 C。

　　在前述意義之下，非零向量 v 的係數積集合 $\{sv\,|\,0\le s\le 1\}$ 是一個線段，而 $\{sv\,|\,s\in\mathbb{R}\}$ 則是一條通過原點且方向為 v 的直線。同理，非零且不互相平行的向量 u 和 v 的線性組合結果 $\{au+bv\,|\,0\le a,b\le 1\}$ 是一個平行四邊形，稱為「由 u、v 展成

〔請接第 195 頁〕

https://shann.idv.tw/matheng/lincomb.html

94 行列式運算 Multilinearity

發展出向量 (vector) 之後，行列式 (determinant) 可以用向量改寫。例如二階行列式可以視為兩個平面向量的運算：

$$\begin{vmatrix} a & c \\ b & d \end{vmatrix} = \begin{vmatrix} \boldsymbol{u} & \boldsymbol{v} \end{vmatrix} \text{，其中 } \boldsymbol{u} = \begin{pmatrix} a \\ b \end{pmatrix} \text{、} \boldsymbol{v} = \begin{pmatrix} c \\ d \end{pmatrix}$$

而且，行列式的一個代數性質是：將行向量直排，或列向量橫排組成的行列式 (column vectors in a row or row vectors in a column)，只要順序相同，其值就相等。例如 $\boldsymbol{u}^T = (a, b)$ 就是 $\boldsymbol{u}$ 向量的橫式，稱為列向量 (row vector)，而 $\begin{vmatrix} \boldsymbol{u} & \boldsymbol{v} \end{vmatrix} = \begin{vmatrix} \boldsymbol{u}^T \\ \boldsymbol{v}^T \end{vmatrix}$。其中 $\boldsymbol{u}^T$ 讀作 u transpose（u 的轉置）。

以上形式可以推廣到 n 階行列式與 n 維向量；當 $n=1$，一階行列式就是那個數本身：$\det(a) = a$。以 $n=3$ 為例：

$$\det \begin{pmatrix} \boldsymbol{u}^T \\ \boldsymbol{v}^T \\ \boldsymbol{w}^T \end{pmatrix} = \begin{vmatrix} a & b & c \\ d & e & f \\ g & h & k \end{vmatrix} \text{，其中 } \boldsymbol{u} = \begin{pmatrix} a \\ b \\ c \end{pmatrix} \text{、} \boldsymbol{v} = \begin{pmatrix} d \\ e \\ f \end{pmatrix} \text{、} \boldsymbol{w} = \begin{pmatrix} g \\ h \\ k \end{pmatrix}$$

其次，發展出線性組合 (linear combination) 之後，可用來描述行列式的幾何意義：承續前面使用的符號：

$\left| \det(\boldsymbol{u}, \boldsymbol{v}) \right| =$ 由 $\boldsymbol{u}$、$\boldsymbol{v}$ 決定的平行四邊形面積

$\left| \det(\boldsymbol{u}, \boldsymbol{v}, \boldsymbol{w}) \right| =$ 由 $\boldsymbol{u}$、$\boldsymbol{v}$、$\boldsymbol{w}$ 決定的平行六面體體積

當前述面積或體積為 0，表示發生退化 (degenerate) 狀況，那時候，向量 $\boldsymbol{u}$、$\boldsymbol{v}$ 或 $\boldsymbol{u}$、$\boldsymbol{v}$、$\boldsymbol{w}$ 稱為線性相關 (linearly dependent)。

任何一種對應關係，在此統稱為 operation，只要可以將線性

組合拆開來分別運算，也就是符合以下形式：

$$F(ax+by)=aF(x)+bF(y)$$

就稱之為線性運算 (linear operation)，或者說它是線性的 (it is linear)，或者說它具備線性性質 (the operation has linearity)。

行列式的每一行都有線性性質 (linearity)，所以稱為多重線性 (multilinearity)：The determinant is multilinear。以三階行列式為例，每一行皆滿足以下等式

$$|\boldsymbol{u}\quad a\boldsymbol{v}_1+b\boldsymbol{v}_2\quad \boldsymbol{w}|=a|\boldsymbol{u}\quad \boldsymbol{v}_1\quad \boldsymbol{w}|+b|\boldsymbol{u}\quad \boldsymbol{v}_2\quad \boldsymbol{w}|$$

其次，行列式也是「交替的」(alternating)：只要有任兩個向量相等，行列式就為 0(想像成抓交替)。由此可知，當 $a:b=c:d$，也就是說 a、b 和 c、d 成比例，則

$$\begin{vmatrix}a & c\\ b & d\end{vmatrix}=\begin{vmatrix}a & ka\\ b & kb\end{vmatrix}=k\begin{vmatrix}a & a\\ b & b\end{vmatrix}=k\times 0=0$$

Multilinearity 和 alternating 的一個應用如下：一方面，

$$|\boldsymbol{u}+\boldsymbol{w}\quad \boldsymbol{v}\quad \boldsymbol{u}+\boldsymbol{w}|=0$$

另一方面

$$|\boldsymbol{u}+\boldsymbol{w}\quad \boldsymbol{v}\quad \boldsymbol{u}+\boldsymbol{w}|=|\boldsymbol{u}\quad \boldsymbol{v}\quad \boldsymbol{u}|+|\boldsymbol{u}\quad \boldsymbol{v}\quad \boldsymbol{w}|+|\boldsymbol{w}\quad \boldsymbol{v}\quad \boldsymbol{u}|+|\boldsymbol{w}\quad \boldsymbol{v}\quad \boldsymbol{w}|$$
$$=|\boldsymbol{u}\quad \boldsymbol{v}\quad \boldsymbol{w}|+|\boldsymbol{w}\quad \boldsymbol{v}\quad \boldsymbol{u}|$$

因此推論行列式是反交換的 (anticommutative)——任兩個向量交換使得行列式變相反數：

$$|\boldsymbol{u}\quad \boldsymbol{v}\quad \boldsymbol{w}|=-|\boldsymbol{w}\quad \boldsymbol{v}\quad \boldsymbol{u}|$$

https://shann.idv.tw/matheng/detop.html

95 矩陣 Matrix

矩陣 matrix（複數 matrices）原本的意思是「母體」或「基礎」，在十九世紀被用來指稱組成 n 階行列式的那 n^2 個排成正方形的數，例如 $\begin{vmatrix} a & c \\ b & d \end{vmatrix}$ 的「母體」或「基礎」就是 $\begin{matrix} a & c \\ b & d \end{matrix}$。行列式的 matrix 一定排列成正方形，後來將 matrix 觀念一般化，容許不一定是正方形的矩形排列，例如 $\begin{matrix} 1 & 3 & 5 \\ 2 & 4 & 6 \end{matrix}$ 也是 matrix。所以中文就將這種「母體」翻譯成「矩陣」了。而正方形矩陣 (square matrix) 也可以特別稱為「方陣」。後來為了讓矩陣與向量的符號相容，使得只有一行的矩陣成為行向量 (column vector)，或者只有一列的矩陣成為列向量 (row vector)，於是就用圓括號 (round brackets) 包住矩陣。例如 $\begin{pmatrix} 1 & 3 & 5 \\ 2 & 4 & 6 \end{pmatrix}$ 是一個有二列、三行 (2 rows and 3 columns) 的矩陣，它是一個「二乘三矩陣」：A 2×3 (two by three) matrix。而「二乘三 / two by three」就稱為矩陣的維度 (the dimension of a matrix)。二乘二矩陣 (a matrix of dimension 2 by 2) 也可以說是二階方陣 (a square matrix of order 2)。n 維行向量即是 $n \times 1$ 矩陣，n 維列向量則是 $1 \times n$ 矩陣。

　　矩陣的一般性符號，習慣寫成這樣：

$$A = (a_{ij})_{m \times n}$$

意思是 A 為 $m \times n$ 矩陣，其元素 (element / entry) 的一般項為 a_{ij}，雙足標 (two subscripts) ij 表示第 i 列、第 j 行，當兩個足

標不都是各一個符號時，將它們用逗點隔開。例如 A 的第 2 列，第 11 行的元素，也就是 A 的第 2 列第 11 個元素，記作 $a_{2,11}$：

The entry $a_{2,11}$ represents the element of matrix A at the second row and the eleventh column.

維度 $m \times n$ 的矩陣可以視為由 n 個行向量，或者由 m 個列向量所組成，例如

$$\begin{pmatrix} 1 & 3 & 5 \\ 2 & 4 & 6 \end{pmatrix} = \begin{pmatrix} \boldsymbol{u}_1 & \boldsymbol{u}_2 & \boldsymbol{u}_3 \end{pmatrix} \quad \text{或者} \quad \begin{pmatrix} 1 & 3 & 5 \\ 2 & 4 & 6 \end{pmatrix} = \begin{pmatrix} \boldsymbol{v}_1^T \\ \boldsymbol{v}_2^T \end{pmatrix}$$

其中 $\boldsymbol{u}_1 = \begin{pmatrix} 1 \\ 2 \end{pmatrix}$、$\boldsymbol{u}_2 = \begin{pmatrix} 3 \\ 4 \end{pmatrix}$、$\boldsymbol{u}_3 = \begin{pmatrix} 5 \\ 6 \end{pmatrix}$，而 $\boldsymbol{v}_1 = \begin{pmatrix} 1 \\ 3 \\ 5 \end{pmatrix}$、$\boldsymbol{v}_2 = \begin{pmatrix} 2 \\ 4 \\ 6 \end{pmatrix}$。但是

在線性代數 (linear algebra) 的文件裡，習慣將 $m \times n$ 矩陣視為 n 個行向量，例如 $A = \begin{pmatrix} \boldsymbol{A}_1 & \boldsymbol{A}_2 & \cdots & \boldsymbol{A}_n \end{pmatrix}$，其中每個 $\boldsymbol{A}_j$ 是一個 m 維向量，寫成直式。

矩陣成為一種數學物件，有其關係與作用。最基本的關係是相等。這很直覺：兩個矩陣的維度相同，且每個同樣位置的元素都相等時，則稱兩個矩陣相等，否則就稱它們不相等。矩陣之間沒有大小關係。矩陣的一種單元運算是轉置 (transpose)，記作 A^T。轉置再轉置就會還原，亦即 $(A^T)^T = A$：The transpose of the transpose matrix is equal to the original matrix.

當 $m = n$，方陣 A 的行列式習慣寫成 $\det A$，而行列式的轉置性質就有了簡潔的表達：$\det A^T = \det A$。

https://shann.idv.tw/matheng/matrix.html

96 複數 Complex Number

實數是測量所得的數，它雖然也有人類創造的成分，但畢竟是從自然數 (natural numbers) 一脈相傳而來，所以它畢竟還是「天然的」。相對地，虛數是從代數操作 (algebraic operations) 中創造的數，它全然是人想像出來的，所以稱為 imaginary number。有了想像出來的數之後，以前那種天然的數才被稱為真實的數：real numbers。真實的數和想像的數結合在一起，稱為複數 complex numbers。複數的實數部分稱為 real part，虛數部分稱為 imaginary part；用 z 表示複數時，它的實部與虛部通常分別記作 Re(z) 和 Im(z)。

複數、向量、矩陣，都是高中階段新學習的數學物件。

數學文本習慣將虛數單位 (imaginary unit) 記作 i，因為它是 imaginary 的第一個字母。物理、工程領域有時候將虛數單位記作 j，只是因為 i 另有他用而 j 是 i 的下一個字母。

共軛是 conjugate，翻譯得好，「軛」是在一輛雙牛或雙馬拖的車子前面，用來套住兩頭牲畜讓牠們分站車軸兩側而同時拖車的那條橫桿。Complex conjugate 就是共軛複數，例如

The complex conjugate of $3+2i$ is $3-2i$.

The product of complex conjugates is real.

複數 $3+2i$ 的共軛複數記作 $\overline{3+2i}$，上方的橫線讀作 conjugate of 或者 overline。

虛數單位的平方是負一：The square of i is negative one；或

者 i squared is equal to negative one。

　容納 complex numbers 之後，二次方程 (quadratic equation) 就一定有解。把重複次數 (multiplicity) 算進來之後，二次方程一定有兩個解。當解的 imaginary part 不為時，這樣的解稱為虛根 (imaginary roots)。當實係數二次多項式 (quadratic polynomial with real coefficients) 的判別式小於零 (discriminant is negative) 時，它就有一對共軛虛根 (a pair of conjugate imaginary roots)。

　代數基本定理 (the fundamental theorem of algebra) 是說：非常數的 (non-constant) 單變數 (single-variable) 複係數多項式 (polynomial with complex coefficients) 至少有一個複數根 (has at least one complex root)。而這個定理可以引伸為：

一元 n 次複係數多項式 (a single-variable polynomial of degree n with complex coefficients) 計算重複次數之後 (counted with multiplicity)，恰有 n 個複數根 (has exactly n complex roots)。（n 為正整數）

https://shann.idv.tw/matheng/complex.html

〔續第 189 頁：93 線性組合〕
／決定的平行四邊形」：The parallelogram spanned/determined by vectors u and v。在空間中也有類似情況：若 u、v、w 是所謂線性無關 (linearly independent) 的空間向量 (vector in space)，則 $\{au+bv+cw \mid 0 \le a,b,c \le 1\}$ 是由 u、v、w 展成／決定的非退化的 (nondegenerate) 平行六面體 (parallelepiped)。

97 複數平面 Complex Plane

複數平面 (complex plane) 是直角坐標平面的另一種詮釋：將點坐標從有序對 (x, y) 改成複數 $x + yi$；因此，水平軸就改稱實軸 (real axis)，鉛直軸改稱虛軸 (imaginary axis)。如此一來，平面上的點就像數一樣可以做加減乘除了，因此可以把複數視為「平面數」；相對地，實數就是「直線數」。

令 $z = a + bi$，其中 $a, b \in \mathbb{R}$。$a + bi$ 稱為複數 z 的直角形式 (rectangular form)，這個名稱顯然來自直角坐標 (rectangular coordinates)。就好像實數平面上有直角坐標和極坐標 (polar coordinates)，複數平面也有極坐標形式，稱為極式 (polar form)。複數 z 的極式有以下幾種記號：

$$z = r(\cos\theta + i\sin\theta) = re^{i\theta} = r\operatorname{cis}\theta$$

在學校裡，甚至可以用 $z = r\angle\theta$ 簡記。極式和直角形式的關係是

$$r = |z| = \sqrt{a^2 + b^2}, \quad \theta = \arg(z)$$

其中 r 稱為 z 的長度 (magnitude) 或絕對值／模 (modulus)，θ 稱為 z 的幅角 (argument) 或相位角 (phase)，它就是平面上以原點經過 z 的射線為終邊 (terminal side) 的角，任一個同界角 (coterminal angle) 都可以，但幅角習慣以「弳」為單位 (in radians)。在所有同界的幅角當中，在 $(-\pi, \pi]$ 範圍內的幅角，稱為主幅角：the principal value of the argument 或者 the principal argument，記作 Arg(z) 或者仍然沿用 arg(z)。

在複數的極式中，$e^{i\theta} = \cos\theta + i\sin\theta$ 就是著名的歐拉公式

196

(Euler formula)。從它可以將指函數的定義域推廣到複數，同理也可以將對函數的定義域推廣到 0 以外的複數。例如

$$e^{i\pi} = \cos\pi + i\sin\pi = -1 \quad \text{and} \quad e^{i\pi/2} = \cos\frac{\pi}{2} + i\sin\frac{\pi}{2} = i$$

所以

$$\ln(-1) = \pi i = \mathrm{Arg}(-1)i \quad \text{and} \quad \ln i = \frac{\pi}{2}i = \mathrm{Arg}(i)i$$

令 $w = c + di = s\angle\phi$ 是一個非零複數（ϕ 讀作 phi），則

$$\frac{z}{w} = \frac{z\bar{w}}{|w|^2} = \frac{r}{s}\angle(\theta - \phi)$$

比較它們的直角形式和極式：

$$\frac{1}{s^2}(ac + bd) + i(ad - bc) = \frac{r}{s}\cos(\theta - \phi) + i\sin(\theta - \phi)$$

因此，可以連結複數與向量：將 $\mathbf{z} = \begin{pmatrix} a \\ b \end{pmatrix}$ 和 $\mathbf{w} = \begin{pmatrix} c \\ d \end{pmatrix}$ 分別視為向量時，以上等式導出了內積 (inner product)——又稱為純量積 (scalar product)——和行列式 (determinant) 公式：

$$\mathbf{z}\cdot\mathbf{w} = |\mathbf{z}||\mathbf{w}|\cos(\theta - \phi) \quad \text{and} \quad \det(\mathbf{z}, \mathbf{w}) = |\mathbf{z}||\mathbf{w}|\sin(\theta - \phi)$$

其中 $\theta - \phi$ 就是從 $\mathbf{w}$ 旋轉到 $\mathbf{z}$ 的有向角，而 $|\theta - \phi|$ 則是 $\mathbf{z}$ 與 $\mathbf{w}$ 的夾角 (the angle between vectors $\mathbf{z}$ and $\mathbf{w}$)。

　　可見複數的運算性質包含了平面向量 (vectors in the plane)。平面向量能做的事，複數都能做，而且複數做得更多。事實上，

〔請接第 199 頁〕

https://shann.idv.tw/matheng/cplane.html

98 函數 Function

函數 (function) 或者特別聲明「數學函數」(mathematical function) 是十七世紀 (the 17th century) 搭配微積分 (calculus) 而發展的新數學物件 (mathematical object)。Function 原本是法文，英文也沿用同一個字，這個字直譯為「功能」，意思是「具有特定效果的作用」。十七世紀時，為了研究瞬間速度與累積位移，用這個字代表從時間決定一個運動中的質點位置的「功能」，特別用來表述「〔決定〕行星的位置是時間的一種功能」：

The position of a planet is a function of time.

這句話如今演變成：「行星位置是時間的函數」。所以，函數的典型意涵就是運動質點的「時間－位置關係」。

函數的不嚴謹 (nonrigorous 或 not rigorous) 定義，在十九世紀受到檢討，最後用集合論 (set theory) 將它正規化 (be formalized)。在中學階段，教科書經常使用有限集合之間的對應關係 (a correspondence diagram between finite sets) 解釋函數，這個抽象模型 (abstract model) 跟直覺上容易理解的「時間－位置關係」(position-time correspondence) 相差甚遠，對於初學者可能並無幫助。

時間－位置關係是學習函數概念的適當切入點：將自變數 (independent variable) x 解釋為時間 (time)，應變數 (dependent variable) y 解釋為位置 (position)，則函數的規定「定義域中每個 x 都有一個（且僅有一個）對應的 y」：

For each *x* of the domain there is one (and only one) corresponding *y*.

這是因為物體在每一瞬間必定處於唯一的一個位置：不會憑空消失，也不會有分身。

時間－位置圖 (position-time graph) 也就是函數圖形 (graph of a function) 的典型範例 (a typical example)。

函數的名字通常用 *f* 或 *g*。當 *f* 的定義域 (domain) 是 *X*、對應域 (codomain) 是 *Y*，我們說 *f* 是一個從 *X* 映射到 *Y* 的函數：*f* is a function from *X* into *Y*，記作 $f : X \to Y$。值域 (range) 是對應域的子集合，它不一定是整個對應域。當 *f* 以 *x* 為自變數，說 *f* is a function of *x*，記作 $f(x)$，讀作 *f* of *x*。

像 $f(x)$ 這樣只有一個變數的函數稱為單變數函數：a function in one variable 或 a univariate function 或 a single-variable function。中學幾乎只討論單變函數，只在線性規畫 (linear programming) 稍微觸碰了雙變函數 $f(x, y)$：functions in two variables 或者 bivariate functions。

函數又稱為映射：map 或 mapping。

https://shann.idv.tw/matheng/function.html

〔續第 197 頁：97 複數平面〕

在數學發展史中，平面向量並不存在。向量從一開始就是空間向量 (vectors in space)，後來為了空間向量的教學而將它簡化成平面向量。

99 函數的表達 Fcn Representation

在中學，函數幾乎只有一種表達方式 (representation)：代數表達 (to represent a function algebraically)，也就是寫出計算函數之值的公式 (a formula to evaluate the function)。

當 y 隨著 x 改變 (y changes/varies according to x)，我們就說 y 是 x 的函數 (y is a function of x)。此時將 x 和 y 寫成方程式的樣子，但是將 y 獨立在等式的左側：

Get y alone on the left-hand side of the equation.

相當於讓 y 成為等式的「主詞」：

Make y the subject of the equation.

例如一次函數 $y = 2x + 1$；這種表達寫出了自變數與應變數的名字：x 和 y，但是沒寫函數的名字。

函數的名字通常選用 f 或 g，它的代數表達形式則如 $f(x) = 2x + 1$，這時候寫出了函數和自變數的名字：f 和 x，但沒寫應變數。還有一種寫法是例如 $x \mapsto 2x + 1$，其中 $\mapsto$ 讀作 maps to，這種表達只寫出自變數的名字 x，沒寫函數也沒寫應變數。

中學課本其實也展示了函數的數值表達 (numerical representation) 和圖形表達 (graphical representation)，但是通常只把它們當作代數表達的應用，這會造成不必要的誤解：其實函數可以直接用數值或圖形來表達，而不必先寫出它的代數公式。例如用儀器畫出一天 24 小時氣溫隨時間變化的圖形，就是一個用圖形表達的函數，而它的數學公式卻不容易寫出來。

數值表達通常是藉由自變數與應變數的對應表格來呈現，所以也稱為表格形式 (table representation)。托勒密 (Ptolemy) 在西元二世紀 (the second century) 公布的弦表 (table of chords) 應該是世界上最早用數值表達的函數：固定半徑時，圓心角對應弦長的函數。可是那時候根本還沒有函數這個名稱。

函數也可以直接由語言文字來表達 (verbal representation)，例如令 $x \in [0,24)$ 表示某日從零時計起的時間(以 hour 為單位)，函數 $T(x)$ 是某測站在 x 時的氣溫。

數列 $\langle a_1, a_2, \cdots, a_n \rangle$ 可以視為從 $\{1,2,\cdots,n\}$ 映射到實數的函數，記作

$$a : \{1,2,\cdots,n\} \to \mathbb{R}$$

類似地，無窮數列 $\langle a_1, a_2, \cdots \rangle$ 則可以視為

$$a : \mathbb{N} \to \mathbb{R}$$

當 x 和 y 形成一個等式，例如二元一次或二元二次方程式，y 就與 x 有某種關係，但未必是函數關係：未必每個 x 對應唯一的 y，這種情況就說 y 是 x 的隱函數 (implicit function)，也可以稱整個方程式為隱函數，例如圓方程式 $x^2 + y^2 = 1$ 就是一個隱函數。隱函數的記號通常寫 $f(x,y) = 0$ ；例如 $f(x,y) = x^2 + y^2 - 1 = 0$ 就是一個隱函數，其圖形是坐標平面上的一個圓。

https://shann.idv.tw/matheng/fcnexpr.html

100 函數運算 Function Operation

函數作為一種數學物件 (mathematical object)，函數與函數之間就有關係 (relation) 也有互動 (interaction)。

函數之間最基本的關係是：相等（或不等）。當 f 和 g 在同一個定義域上，對每個 x 都對應同樣的函數值 (function value)，也就是 $f(x) = g(x)$，則我們說函數 f 和 g 相等，記作 $f = g$；否則它們就不相等，記作 $f \neq g$。

函數可以做係數積 (scalar multiplication)，記作 af，其中 a 是某個常數，意思就是把定義域中每個 x 的函數值皆乘以 a；也就是說，函數 af 在 x 的函數值是 $a \cdot f(x)$，記作 $[af](x) = af(x)$。

此外，函數就像數一樣，也有加減乘除運算 (operations of functions)。兩個函數 f、g 也可以做加減乘除而生成新函數，分別記作 $f+g$、$f-g$、fg、$\dfrac{f}{g}$，很容易想像它們的函數值：

$$[f \pm g](x) = f(x) \pm g(x), \quad [fg](x) = f(x) \cdot g(x)$$

由函數之加、減、乘法產生的新函數，它的定義域是原來兩個定義域的交集。由函數除法產生的新函數，它的定義域還要剔除分母為 0 情況：

$$\left[\frac{f}{g}\right](x) = \frac{f(x)}{g(x)} \text{ where } g(x) \neq 0$$

例如當 $f(x) = x^2 - 1$，$g(x) = x - 1$，它們的定義域都是 $\mathbb{R}$，但它們相除後的函數 $\dfrac{f}{g}$ 的定義域是 $\mathbb{R} \setminus \{1\}$。

　　函數的係數積可以理解為兩個函數相乘，其中一個函數是常數函數 (constant function)。因為係數積和加減運算，使得函數可以做線性組合 (linear combination)，這就使得函數可以被類比為向量。把函數當作向量來處理，是二十世紀數學的一項重要發明；中學課程不會探討這件事，但是它很可能出現在大學的應用數學裡。

　　函數的合成 (function composition) 是函數之間的特殊運算，記作 $f \circ g$，其中圓圈符號 (the circle symbol) 。 就是函數的合成算子，運算產生的新函數稱為合成函數 (composite function)，其函數值的定義是：$[f \circ g](x) = f(g(x))$。

　　需要強調合成運算的圓圈符號時，可以讀 oh，例如說 f oh g of x is defined to be f of g of x，但美國教師一般就把。讀作 of，所以 $[f \circ g](x)$ 和 $f(g(x))$ 說起來都一樣：都是 f of g of x。根據定義，只有當 g 的值域落在 f 的定義域之中時，合成函數 $f \circ g$ 才會存在；因此也很明顯「合成」沒有交換律：The composition is not necessarily commutative.

　　在 $f(g(x))$ 當中取 $g(x) = -x$、$g(x) = ax$（其中 $0 < a \neq 1$），以及 $g(x) = x - h$ 是最常見的合成。在這些特例中，$f(g(x))$ 造成 f 的鏡射（對 y 軸）、伸縮 (dilation) 或平移 (translation)。

〔請接第 205 頁〕
https://shann.idv.tw/matheng/fcnop.html

101 線型與反比函數 Linear Fcn

直線方程式的一種形式：斜截式 (gradient form) $y=mx+k$ 其實就是直線的函數表達，其中 m 為直線的斜率 (slope) 或梯度 (gradient)。這種（圖形為直線）函數特別稱為線型函數 (linear function)；不要跟線性映射 (linear mapping) 搞混了。

如果排除水平線 (horizontal line)，也就是限定斜率 $m \neq 0$，則這種函數也稱為一次函數 (polynomial function of degree one)。從英文名稱看得出來「一次函數」是「一次多項式函數」的簡稱。

如果斜率 $m=0$ 則函數圖形是水平線，這種函數 $y=k$ 稱為常數函數 (constant function)。如果確定 $k \neq 0$，則它是零次函數 (polynomial function of degree zero)；而 $y=0$ 或 $f(x)=0$ 就是零函數 (zero function)。

通過原點的直線標準式 (standard equations of lines passing through the origin) $ax+by=0$ 可以看出直線通過原點和另一點 $(-b,a)$。排除鉛直線之後（也就是假設 $b \neq 0$），可以看出所有通過原點的直線都可以寫成函數形式：$y=mx$，而它就是正比關係 (direct proportion) 的函數：正比函數，也是比例式 $x:1=y:m$ 或 $x:y=1:m$ 當中 x 與 y 的關係。

一般線型函數 $y=mx+k$ 可以看成 $(y-k)=mx$，所以是將 $y=mx$ 向上平移 k 的直線，可見 k 為直線的 y 截距 (y-intercept)。如果斜率 $m \neq 0$，直線 $y=mx+k$ 也可以看成 $y=m(x+\dfrac{k}{m})$，它是 $y=mx$ 向左平移 $\dfrac{k}{m}$ 的直線，也就是 x-intercept 為 $-\dfrac{k}{m}$。

　　如果排除鉛直線 (vertical line) 與水平線，也就是限定 $a \neq 0$ 且 $b \neq 0$，則直線一般式 $ax + by + c = 0$ 這個隱函數總是同時可以改寫成 y 的函數也可以改寫成 x 的函數：

$$y = -\frac{a}{b}x - \frac{c}{b} \quad \text{or} \quad x = -\frac{b}{a}y - \frac{c}{a}$$

這兩個函數的圖形是同一條直線，它們對應同一個直線方程式。

　　相對於線型函數 $y = mx$ 代表 x 和 y 的正比關係，x 的倒數 $y = \frac{1}{x}$ 代表 x 和 y 的反比關係 (inverse proportion)。反比函數英文說是「倒數函數」(the reciprocal function)，不能把它簡稱為「倒函數」，以免誤以為是微分之後的「導函數」(derivative function)。中學課程沒有介紹反比函數，同學可以把它視為一種雙曲線方程式 $xy = 1$，這條雙曲線 (hyperbola) 就是反比函數 $y = \frac{1}{x}$ 的圖形，同學其實認識它，如網頁上的圖例。

https://shann.idv.tw/matheng/line-fcn.html

〔續第 203 頁：100 函數運算〕

兩個函數可能互為反函數 (inverse function)，這種關係需要藉由合成 (composition) 說明。當 $f(g(x)) = x$ 而且 $g(f(x)) = x$，我們說 f 和 g 互為反函數，例如說 g is the inverse of f。$f(x)$ 的反函數記作 $f^{-1}(x)$，讀作 f inverse of x。小心不要把上標 -1 誤解為指數了。如果要表達 f 的 -1 次方，應該寫 $[f(x)]^{-1} = \frac{1}{f(x)}$。

102 基本函數 Elementary Fcn

因應微積分 (calculus) 的需求而發展出函數觀念，在當時——西元十七世紀 (the 17th century)——已經存在的代數表達式 (algebraic expressions) 就形成了最初的一批函數，通稱為基本函數 (elementary functions)。高中學到的函數，以及它們的反函數 (inverse function)，差不多就是全部的基本函數了。

單項式 (monomial) 如 x^n 就形成單項函數 (monomial function) $x \mapsto x^n$，其中 n 為正整數。它的反函數是 radical function：$x \mapsto x^{1/n} = \sqrt[n]{x}$ ，讀作 x to the power of one over n 或者 root n of x。Radical function 的定義域是非負實數 (nonnegative real numbers)。Radical function 的中文是根式函數或次方根函數，比較少講到它，不妨直接說英文。將指數推廣到實數的單項函數稱為冪函數 (power function)：$x \mapsto x^r$，其中 r 為實數。注意反比函數 $x \mapsto x^{-1}$ 是冪函數而不是單項函數。

多項式 (polynomial) 當然就形成多項式函數 (polynomial function)，我們平常說的 n 次函數其實是 polynomial function of degree n。一次、二次和三次函數又特別稱為 linear、quadratic 和 cubic function。沒有特別聲明的時候，多項式函數的係數 (coefficients) 都是實數。但係數也可能被限定在 $\mathbb{Z}$、$\mathbb{Q}$ 或 $\mathbb{C}$，那就會聲明為整係數、有理係數或複係數多項式函數，例如複係數二次函數會說 quadratic functions with complex coefficients。

由多項式的分式 (fraction of polynomials) 形成的函數，稱為有理函數 (rational function)，形如 $f(x) = \dfrac{P(x)}{Q(x)}$，其中 $P(x)$、

$Q(x)$ 是多項式函數，且分母 $Q(x)$ 的次數大於 0：$\deg Q(x) \geq 1$。
當 $\dfrac{P(x)}{Q(x)}$ 已經化到最簡 (when $\dfrac{P(x)}{Q(x)}$ is reduced to the lowest terms) 意思是說 $P(x)$ 和 $Q(x)$ 的最高公因式 (the greatest common divisor) 是 1，這樣的分式是不可約的，稱為最簡分式 (irreducible fraction)，而這時有理函數的次數 (degree) 是 $P(x)$ 和 $Q(x)$ 之間較高的次數，記作

$$\deg f(x) = \max\{\deg P(x), \deg Q(x)\}, \text{ when } \frac{P(x)}{Q(x)} \text{ is irreducible}$$

而 $f(x)$ 的定義域為實數扣除分母 $Q(x)$ 的根 (root)，也就是方程 $Q(x) = 0$ 的解 (solution)。

　　中學課程很少討論有理函數，比較常見的可能只有反比函數。大一微積分課程裡，將會更進一步認識有理函數。

　　這一篇內複習的函數：多項式函數、根式函數、有理函數，以及它們衍生的合成函數，通稱為代數函數 (algebraic function)。其他基本函數——三角函數與指對函數——都屬於超越函數 (transcendental function)。

https://shann.idv.tw/matheng/elemfcn.html

103 三角函數 Trig Function

相對於三角學 (trigonometry) 是以測量為主要目的，三角函數 (trigonometric function) 主要作為週期性現象的數學模型 (a mathematical modeling of periodic behaviors，模型的美式拼字為 modeling，英式拼字為 modelling)。三角函數的學習內容仍然是 6 個三角比，而常用的仍然是 sine, cosine, tangent 這三個 functions（仍記作 sin、cos、tan），但 secant function 比 secant ratio（都記作 sec）更為有用，因為微積分需要它。

　　三角函數 (trig function) 跟三角比 (trig ratio) 的最粗淺差異，就是角量的 unit 從 degrees 改為 radians，這是為了配合微積分的需要。雖然同界角已經使得三角比含有週期性的意義：

Trig ratios on coterminal angles imply periodicity.

但是我們在 trig function 才正式討論週期性。三角函數皆為週期性函數 (periodic function)，也可以更精確地說它們是 2π 週期函數：periodic functions of period 2π 或 2π-periodic functions。但 2π 並非 $\tan x$ (tangent of x)的最小週期，它的最小週期是 π：

tan x is π-periodic, it has π as smallest period.

　　為幫助函數作圖：to graph a function 或者 graphing functions，須要另一組三角恆等式：平移公式 (phase shift identities)；例如

$$\sin(x+\frac{\pi}{2}),\quad \sin(x-\frac{\pi}{2}),\quad \sin(x\pm\pi)$$

雖然可以用 reflection identities 推論 shift identities，但是別這樣想。相位平移 (phase shift) 其實是繞原點的旋轉 (rotation about the origin)。例如 $(\cos(x+\dfrac{\pi}{2}), \sin(x+\dfrac{\pi}{2}))$ 是 $(\cos x, \sin x)$ 逆時針旋轉 $90°$ 的點：

Rotate 90 degrees counterclockwise around the origin.

所以它的坐標應該是 $(-\sin x, \cos x)$，比對坐標就得到 shift identities

$$\cos(x+\dfrac{\pi}{2}) = -\sin x, \quad \sin(x+\dfrac{\pi}{2}) = \cos x$$

注意 $\sin(x+\pi)$ 和 $\sin(x-\pi)$ 其實一樣，因為它們是繞原點順或逆時針旋轉 $180°$，結果都一樣，就是對稱於原點的點 (the symmetric point about the origin)。

函數 $\tan x$ 的圖形 (graph of the tangent function) 是中學階段少數遇到有鉛直漸近線 (vertical asymptote) 的圖形。發生 vertical asymptotes 的實數並不在 $\tan x$ 的定義域 (domain) 之內，$\tan x$ 仍然被稱為連續函數，但它不是實數上的連續函數：

$\tan x$ is a continuous function. But $\tan x$ is not continuous on $\mathbb{R}$ / the set of real numbers.

或者說 $\tan x$ is not continuous on the real line.

https://shann.idv.tw/matheng/trig-fcn.html

104 正弦波 Sinusoid

簡諧運動 (Simple Harmonic Motion，簡稱 SHM) 以及許多簡單的週期性現象 (periodic behaviors) 都以正弦波 (sinusoidal wave 或 sinusoid) 作為數學模型，其中 sinus 是 sine 的古字，-oid 字根是「像什麼的」，所以 sinusoid 就是「像 sine 起伏的曲線」。Sinusoid 的一般式為

$$D + A\sin(\omega t + \phi)$$

其中 A 應該是正數，代表振幅 (amplitude)；注意數學的振幅是指 peak amplitude：最高點與平均值／參考值的距離：

> The maximum positive deviation of a waveform from its reference level.

而不是 peak-to-peak amplitude。ω (omega) 是角頻率 (angular frequency)，ϕ (phi) 是相位 (phase)。D 是平均值或參考值，字母 D 來自電學的習慣，D 代表 DC bias 或 DC component（直流偏壓、直流分量），而 D 後面的第二項稱為交流波形 (AC waveform)，其中 AC 表示交流電 (alternating current)；相對地，DC 表示直流電 (direct current)。

因為餘弦函數不過就是正弦的平移：$\cos x = \sin(x + \frac{\pi}{2})$，或者說它們有 90° 的相位差 (phase difference 或 phase shift) 所以正弦波包含餘弦波，不另外用餘弦波作為簡諧運動的模型。

簡諧運動或交流波形就是帶著相位的正弦波，並不需要餘弦函數，但是在技術上，餘弦卻可以用來「消除」相位，使得簡諧

運動的數學模型變成沒有相位的正弦與餘弦函數。這是和角公式的應用：

$$\sin(\omega t + \phi) = \cos\phi\sin(\omega t) + \sin\phi\cos(\omega t)$$

而相位角 ϕ 則轉換成正弦和餘弦的係數 $\cos\phi$、$\sin\phi$。運用和角公式，正弦波 $A\sin(\omega t + \phi)$ 可分解為沒有相位的正弦與餘弦函數的線性組合 $a\sin(\omega t) + b\cos(\omega t)$，分解後的形式比較容易用數學來分析。這個程序當然也可以反向操作：從 $a\sin(\omega t) + b\cos(\omega t)$ 還原為帶著相位的正弦波，那就是正餘弦的疊合了。

正餘弦函數的疊合 (superposition of sine and cosine functions) 意思是同頻率的正弦波疊合之後的頻率不變，只有振幅與相位的改變：

The sum of sine waves of the same frequency with arbitrary phases and amplitudes retains the frequency.

真正有威力的是不同頻率的正弦波疊合。所有波形，例如聲波，都可以分解成整數頻率的正弦波，各頻率有其自己的振幅；而這些整數頻率的正弦波疊合之後，即還原到本來的波形。我們日常使用的行動電話、數位音樂都採用了這個技術。

https://shann.idv.tw/matheng/sinusoid.html

105 指對函數 Exp/Log Function

當自變數 x 在次方的底數位置，形成的函數 $x \mapsto x^r$ 為冪函數 (power function)；把自變數 x 放在指數位置，例如將 x 放上 a 的指數 (a raised to the power of x) 這樣的函數 $x \mapsto a^x$ 在中學稱為指數函數，但是英文通常稱 $y = a^x$ 這種關係為指數成長或衰退 (exponential growth or decay)，意思是說某個量 y 以它現存量的固定比率增加或減少：

> The quantity increases or decreases at a rate
> proportional to its current value.

這時候自變數 x 通常代表時間，例如在 1 單位時間之後增加 7%，則 1 單位時間之後的量是 $(1.07)y$，又例如在 1 單位時間之後衰退 (decay 或 decline) 7%，則 1 單位時間之後的量是 $(0.93)y$。衰退又稱為負成長 (negative growth)；所謂「負成長」意思是 1 單位時間之後的量比現存量少，而任何量最少就是衰退到 0，不會衰退成負的量。「負成長」的比率——衰退率 (decay rate)——不會超過 100%，但「成長」的比率——成長率 (growth rate)——可以超過 100%。因為 1 單位時間之後的量是 $a \cdot y$，其中的乘數 (multiplier)

$$a = 1 + 成長率 \quad 或 \quad a = 1 - 衰退率$$

所以 $0 < a \neq 1$：

> The multiplier a is greater than zero but not equal to one.

在任何一段時間 x 之後，$y = y_0 a^x$ 其中 y_0 是初始量。

在現代數學的語彙中，所謂指數函數 (exponential function) 的意思是：以特定常數——歐拉數 (Euler number) e ——為底的指數函數 $x \mapsto e^x$，簡稱指函數，它也經常寫成 $\exp(x)$，讀作 exponential of x 或 exponential x。

歐拉數 e 建議讀作「ㄝ」以免跟「1」讀音混淆；它是無理數，其值 $e \approx 2.7183$：

The mathematical constant e is an irrational number approximately equal to 2.7183.

因為任何正數 a 都滿足 $a = e^k$，所以一般的指數成長或衰退 a^x 可以改寫成指函數 $\exp(kx)$，其中 $k \neq 0$，因為 $a \neq 1$。

如果 $y = a^x$ 則反過來 $x = \log_a y$，這種 $x \mapsto \log_a x$ 形式的函數就是以 a 為底的對數函數 (logarithmic function with base a)。當底是歐拉數 e 的時候，$\log_e$ 特別稱為自然對數 (natural logarithm)，應該記作 $\ln$，讀作 long，但是在許多科學與工程領域中，所謂對數函數就是指自然對數函數，所以記號還是寫 log。因此，在文獻中讀到 $\log x$ 時，要留意它的底究竟是 10 還是 e？甚至 log 的底數還可能是 2。

對數函數可簡稱為對函數，所以指數與對數函數可以合併稱為指對函數。

https://shann.idv.tw/matheng/exp-fcn.html

106 反函數 Inverse Function

只有當函數 $f:X \to Y$ 在定義域 (domain) X 與對應域 (codomain) Y 之間是「一對一且映成」(one-to-one and onto) 的時候，f 才有反函數 (inverse function)，記作 f^{-1}，讀作 f inverse；反函數的關係是互相的，也就是說：

The inverse of f^{-1} is f.

記作 $\left[f^{-1}\right]^{-1} = f$。

有反函數的這種函數稱為 bijective（形容詞），其名詞為 bijection；例如說

The inverse of f exists if and only if f is bijective / f is a bijection.

Bijection 的中譯為雙射或對射，並不常講，不妨直接說英文。

所謂函數 f 的圖形 (the graph of a function f) 就是方程式 $y = f(x)$ 的圖形。函數圖形與方程式圖形的差別，在於根據函數的定義，函數圖形必須通過鉛直線檢驗 (vertical line test)：曲線與鉛直線至多只有一個交點：

The vertical lines intersect the curve in at most one point.

而 bijective 的函數圖形必須同時通過鉛直線檢驗與水平線檢驗 (horizontal line test)：曲線與水平直線至多只有一個交點。

函數 f 的自然定義域 (natural domain) 意思是使得 $f(x)$ 可以算出一個值的所有實數 x：$\{x \in \mathbb{R} \mid f(x) \text{ exists}\}$。當函數在它的自然定義域裡不是 bijection，可能可以縮小定義域的範圍，在這

個比較小的定義域裡，函數是 bijection，而它就有反函數。

例如 $x \mapsto x^2$ 的自然定義域是 $\mathbb{R}$，網頁第一列圖片的左圖是它的函數圖形，顯然不能通過水平線檢驗。但如果將定義域設定在 $[0,\infty)$，如中間那幅圖，就通過了水平線檢驗；所以 $x \mapsto x^2$ 在 $[0,\infty)$ 區間上就有反函數，它是 $x \mapsto \sqrt{x}$，如右側的圖。

其實 $y = f(x)$ 的圖形就是 $x = f^{-1}(y)$ 的圖形。例如 $y = e^x$ 等價於 $x = \ln y$，它們的圖形是同一條曲線，如網頁第二列圖片的左圖。但 $x = \ln y$ 與 $y = e^x$ 是同一個函數，並沒有反函數，它們只是交換了自變數與應變數。對調 $x = \ln y$ 的自變數與應變數之後 (switch / swap x and y) 之後，$y = \ln x$ 就是 $y = e^x$ 的反函數了。

因為 (x, y) 與 (y, x) 兩點對稱於 $y = x$ 直線，所以對調 x 與 y 的效果，就是圖形對直線 $y = x$ 做鏡射。也就是說函數 f 與其反函數 f^{-1} 的圖形對稱於 $y = x$ 直線。

The graphs of inverse functions are symmetric about the line $y = x$.

例如 $x \mapsto e^x$ 和 $x \mapsto \ln x$ 互為反函數，而 e^x 和 $\ln x$ 的函數圖形對稱於 $y = x$ 直線，如網頁第三列圖片。

https://shann.idv.tw/matheng/invfcn.html

107 無窮 Infinity

有限是 finite，它既是形容詞也是名詞；無限的形容詞是 infinite，其名詞——無限或無窮的狀態——是 infinity（有一個汽車品牌 Infiniti 也這樣唸）。有限多是 finitely many，無窮多是 infinitely many。微積分有一個古典的無窮小觀念：infinitesimal，它的副詞是 infinitesimally。如今，無窮小觀念已經被 ϵ (epsilon) 和 δ (delta) 取代，但是在 heuristic 的思考和了解方面，還是很有用的。

數列是 sequence，級數是 series，所以無窮數列和無窮級數是 infinite sequence 和 infinite series。注意 series 是單複數同字，one series 和 many series 都是同一個字。

收斂的動詞是 converge，形容詞 convergent，名詞是 convergence。相對的，發散就是 diverge、divergent 和 divergence。當 a sequence converges to a real number，它就是一個收斂數列 (a convergent sequence)，否則它是一個發散數列 (a divergent sequence)。發散數列的極限 (limit) 可能不存在 (does not exist)，或者發散至正或負無窮大 (diverges to infinity or negative infinity)；注意不要說 minus infinity。

符號 $n \to \infty$ 和 $x \to 0$ 當中的箭頭，英文都讀作 approaches，或者簡單說 to；例如 n approaches infinity、x approaches zero，或者 n to infinity、x to zero。反而要提醒中文的對譯，不適合都翻譯成「趨近」或「逼近」。$x \to 0$ 可以說 x 趨近於 0，但是 $n \to \infty$ 應該說 n 趨向無窮大。因為無窮大是個概念，並不是一個數

(infinity is not a real number)，換句話說：

Infinity is not a point on the number line.

所以 infinity 不能被「趨近」。基於同樣的理由，使用不等號表達區間範圍時，不應該等於正或負無窮大；例如 x 為任意實數可以寫成 $-\infty < x < \infty$ 而不該使用 $\leq$ 符號。同理，使用區間符號 (interval) 時，也不應該將正或負無窮大當作閉區間的邊界；例如大於或等於 1 的所有實數，區間符號是 $[1,\infty)$，所有負數的區間符號是 $(-\infty,0)$。

以下 expression

$$\lim_{n\to\infty} a_n$$

的正式說法是

The limit of sequence a n as n approaches infinity.

簡短的口語溝通可以說 limit n to infinity a n，或者當 $n\to\infty$ 是 default 前提的時候，就說 limit a n。如果想要強調 n 是足標，a_n 也可以說 a sub n。

無窮級數 (infinite series) $a_0 + a_1 + a_2 + \cdots$ 本來應該寫成 $\lim_{n\to\infty}\sum_{k=0}^{n} a_k$，但是可以簡記為 $\sum_{n=0}^{\infty} a_n$。刪除無窮級數的後面無窮多項，只算前面有限多項，是 truncate an infinite series。只算前 n 項的和是 the sum of the first n terms。因此造成的誤差，稱為 truncation error。

https://shann.idv.tw/matheng/infinite.html

108 微積分 Calculus

微積分 (calculus) 是微分算法 (differential calculus) 與積分算法 (integral calculus) 的合稱，而 calculus 這個拉丁文名詞本來的意思是「小石子」，它的複數是 calculi。因為西方古代算盤使用小石子做計算，就好像我們算盤上的串珠，所以它引伸為「計算方法」的意思。這個字義的動詞變化至今還常用，就是計算 (calculate)。所以「微積分」在拉丁文中的本意就是「算法」，它是十七世紀才發明的新算法；但是它不是數的算法，而是函數的算法。至於「小石子」的意義也還在用，身體裡面的「結石」就叫做 calculi。

　　除了微分與積分以外，微積分這套「算法」還包含第三種重要算法：級數展開，或者更精確地說無窮級數展開 (series expansions or infinite series expansions)，它是用無窮多項較簡單的函數來表達複雜函數的技術；

　　A technique that expresses a function as an infinite series
　　of simpler functions.

例如將超越函數（如 $\sin x$ 及 e^x）改寫成無窮高次的多項式——稱為冪級數 (power series)。

　　A power series is basically an infinite degree polynomial.

高中數學並沒有真正介紹級數展開。

　　以上三種算法的共同基礎就是掌握無窮 (infinity) 的技術，具體表現在各種極限 (limit) 的定義與操作上。

微分算法是求應變數 y 隨著自變數 x 改變的瞬間變化率 (instantaneous rate of change)，記作 $\dfrac{dy}{dx}$，讀作 d y over d x，而 dx 稱為 x 的微差 (differential of x)，同理 dy 是 differential of y。而 dy 和 dx 的比值就是函數 $y = f(x)$ 在自變數為 x 那一點的變化率，也就是函數圖形在 x 的切線斜率：

The slope of the tangent line at a point for the curve of $y = f(x)$.

積分算法簡單說來就是求總變化量 (total change)，但它特別指無窮多個微差加起來的總量：

Think of integration as a sum of infinitely many differentials.

積分符號 (the integral sign) $\int$ 就是個拉長的 S，而 S 是 Sum（總和）的首字母。

微分和積分（在某種意義上）互為反運算：

Differentiation and integration are inverse processes.

將一個函數先微分 (differentiate) 再積分 (integrate)，或者先積分再微分，（基本上）就會回到原來的函數。

微分一個函數得到它的導函數 (derivative function 或者只說 derivative)，積分一個函數得到它的反導函數 (antiderivative function 或者只說 antiderivative)。函數 $f(x)$ 的導函數通常記作 $f'(x)$，讀作 f prime of x。函數 $f(x)$ 的反導函數通常記作 $F(x)$，讀作 capital f of x。

https://shann.idv.tw/matheng/calculus.html

拼音檢索對照表

A	ㄚ	237	N	ㄋ	226
Ao	ㄠ	237	Ou	ㄡ	237
B	ㄅ	221	P	ㄆ	222
C	ㄘ	234	Q	ㄑ	229
Ch	ㄔ	232	R	ㄖ	234
D	ㄉ	224	S	ㄙ	235
Er	ㄦ	237	Sh	ㄕ	233
F	ㄈ	223	T	ㄊ	225
G	ㄍ	226	W	ㄨ	236
H	ㄏ	227	X	ㄒ	230
J	ㄐ	228	Y	ㄧ	235
K	ㄎ	227	Yu	ㄩ	237
L	ㄌ	226	Z	ㄗ	234
M	ㄇ	222	Zh	ㄓ	231

索引

Index

W

Z

國家圖書館出版品預行編目（CIP）資料

英數兩全：脈絡中的數學英文關鍵詞 / 單維彰著. --
　初版 . -- 　桃園市：國立中央大學出版中心；臺北
市：遠流出版事業股份有限公司，2024.03
　　面；　公分
　ISBN 978-986-5659-53-0（平裝）

　1.CST: 數學

310　　　　　　　　　　　　　　　113002910

英數兩全：脈絡中的數學英文關鍵詞

著者：單維彰
執行編輯：王怡靜

出版單位：國立中央大學出版中心
　　　　　桃園市中壢區中大路 300 號

　　　　　遠流出版事業股份有限公司
　　　　　台北市中山北路一段 11 號 13 樓

發行單位 / 展售處：遠流出版事業股份有限公司
地址：台北市中山北路一段 11 號 13 樓
電話：(02) 25710297　傳眞：(02) 25710197
劃撥帳號：0189456-1

著作權顧問：蕭雄淋律師
2024 年 3 月 初版一刷
售價：新台幣 400 元

YLib.com 遠流博識網 http://www.ylib.com　E-mail: ylib@ylib.com